企业安全生产工作指导丛书

安全生产规章制度
编制指南

主编　马卫国　徐院锋

"企业安全生产工作指导丛书"编委会

陈　蕾	张龙连	任彦斌	杨　勇	焦　宇	佟瑞鹏
徐　敏	孙莉莎	唐贵才	贾　丽	李国英	马卫国
樊晓华	闫　宁	许　铭	高运增	孙　超	

中国劳动社会保障出版社

图书在版编目（CIP）数据

安全生产规章制度编制指南/马卫国，徐院锋主编. -- 北京：中国劳动社会保障出版社，2018

（企业安全生产工作指导丛书）

ISBN 978-7-5167-2616-7

Ⅰ.①安…　Ⅱ.①马…②徐…　Ⅲ.①安全管理-安全生产-规章制度-编制-指南

Ⅳ.①X931-62

中国版本图书馆 CIP 数据核字（2018）第 057859 号

中国劳动社会保障出版社出版发行

（北京市惠新东街 1 号　邮政编码：100029）

*

三河市华骏印务包装有限公司印刷装订　新华书店经销

787 毫米×1092 毫米　16 开本　12.5 印张　201 千字

2018 年 4 月第 1 版　　2019 年 6 月第 2 次印刷

定价：35.00 元

读者服务部电话：(010)64929211/84209101/64921644

营销中心电话：(010)64962347

出版社网址：http：//www.class.com.cn

内容简介

　　本书是"企业安全生产工作指导丛书"之一，详细叙述了企业安全生产规章制度编制的依据、要素和内容，并穿插编写参考等相关内容作为实务范例。

　　全书共分为4章，主要内容包括安全生产规章制度基本要求、核心制度编制要点、基础制度编制要点、专业制度编制要点。本书内容注重安全生产规章制度编制方法的讲解和编制能力的培养，是生产经营单位安全生产工作实务性学习读本。

前　言

　　党的十八大以来，党和国家高度重视安全生产，把安全生产作为民生大事，纳入到全面建成小康社会的重要内容之中。"人命关天，发展决不能以牺牲人的生命为代价。这必须作为一条不可逾越的红线。"习近平总书记多次强调安全生产，对安全生产工作高度重视。2015 年 8 月，习近平总书记对切实做好安全生产工作作出重要指示：各生产单位要强化安全生产第一意识，落实安全生产主体责任，加强安全生产基础能力建设，坚决遏制重特大安全生产事故发生。2016 年 1 月，习近平总书记对全面加强安全生产工作提出明确要求：必须强化依法治理，用法治思维和法治手段解决安全生产问题，加快安全生产相关法律、法规制定修订，加强安全生产监管执法，强化基层监管力量，着力提高安全生产法治化水平。随着我国安全生产事业的不断发展，严守安全底线、严格依法监管、保障人民权益、生命安全至上已成为全社会共识。

　　在党的十九大报告中，习近平总书记关于安全生产的重要论述，确立了新形势下安全生产的重要地位，揭示了现阶段安全生产的规律特点，体现了对人的尊重、对生命的敬畏，传递了生命至上的价值理念，对于完善我国安全生产理论体系，加快实施安全发展战略，促进安全生产形势根本好转，具有重大的理论和实践意义。近年来，随着历史上第一个以党中央、国务院名义的安全生产文件《中共中央　国务院关于推进安全生产领域改革发展的意见》的印发，《中华人民共和国安全生产法》《中华人民共和国职业病防治法》等法律和《危险化学品安全管理条例》等法规的修订，各类安全生产相关管理技术标准的制定、修订，我国的安全生产法制体系和管理技术工作得到了长足的发展与完善。

　　为了弘扬我国安全生产领域的改革发展成果，宣传近些年安全生产法律、法规和国家标准体系建设的新内容，规范指导企业在安全生产管理与技术工作中的方式、方法，中国劳动社会保障出版社组织了中国矿业大学、中国地质大学、首都经济贸易大学、煤炭科学研究总院、中冶集团、北京排水集团、重庆城市管理职业学院等高等院校、研究院所和国有大型企业的专家学者编写了"企业安全生产工作指导丛书"。本套丛书第一批拟出版的分册包括：《安全生产法律法规文件汇编》《职业病防治法律法规文件汇编》《企业安全生产主体责任》《用人单位职业病防治》《安全生产规章制度编制指南》《企业安全生产标准化建设指南》《生产安全事故隐患排查与治理》《生产安全事故调查与统计分析》《企业职业安全健康管理实务》《生产安全事故应急救援与自救》《企业应急预案编制与实施》《外资企业安全管理工作实务》《安全生产常用专用术语》，丛书的各书种针对当前企业安全生产管理工作中的重点和难点，以最新法律、法规与技术标准为主线，全面分析并提出了实务工作的方式和方法。本套丛书的主要特点，一是针对性强，提炼企业安全生产管理工作中的重点并结合相关法律、法规和技术标准进行解读；二是理论与技术兼顾，注重安全生产管理理论与技术上的融合与创新，使安全生产管理工作有理有据；三是具有很好的指导性，强化了法律、法规和有关理论与技术的实际应用效果，以工作实际为主线，注重方式、方法上的可操作性。

期望本套丛书的出版对指导企业做好新时代安全生产工作有所帮助，使相关人员在安全生产管理工作与技术能力上有所提升。由于时间等因素的影响，本套丛书在编写过程中可能存在一些疏漏，敬请广大读者批评指正。

"企业安全生产工作指导丛书"编委会

2018 年 4 月

目　录

第一章　安全生产规章制度基本要求

第一节　制度的基本知识 …………………………………………………… 1

第二节　安全生产规章制度建设 …………………………………………… 4

第三节　安全生产规章制度体系 …………………………………………… 8

第四节　安全生产规章制度落实 …………………………………………… 11

第二章　核心制度编制要点

第一节　安全生产责任制编制要点 ………………………………………… 15

第二节　安全生产承诺制度编制要点 ……………………………………… 31

第三节　安全生产党政同责、一岗双责管理制度编制要点 …………… 37

第四节　安全绩效考核管理制度编制要点 ………………………………… 43

第三章　基础制度编制要点

第一节　生产安全事故隐患排查治理管理制度编制要点 ……………… 55

第二节　安全生产教育培训管理制度编制要点 ………………………… 63

第三节　安全生产会议管理制度编制要点 ……………………………… 71

第四节　安全生产检查管理制度编制要点 ……………………………… 74

第五节　安全生产投入制度编制要点 ……………………………………… 81

第六节　应急预案管理制度编制要点 ……………………………………… 87

第七节　安全生产台账管理制度编制要点 ……………………………… 93

第八节　劳动防护用品管理制度编制要点 ……………………………… 99

第九节　相关方安全管理制度编制要点 ·· 107

第十节　生产安全事故报告和调查处理管理制度编制要点 ··············· 123

第十一节　安全生产约谈管理制度编制要点 ····································· 128

第十二节　领导干部和管理人员现场带班管理制度编制要点 ············· 131

第四章　专业制度编制要点

第一节　危险化学品安全管理制度编制要点 ··· 134

第二节　职业卫生管理制度编制要点 ·· 140

第三节　建设项目安全设施、职业卫生设施"三同时"安全管理制度编制要点 ··· 148

第四节　消防安全管理制度编制要点 ·· 153

第五节　危险作业安全管理制度编制要点 ··· 169

第一章　安全生产规章制度基本要求

第一节　制度的基本知识

从中国古老的《尚书》开始，就有了对制度的记载。号称"三礼"的《周礼》《仪礼》和《礼记》就对夏、商、周三代的礼乐文化做了大量描绘和评述。《礼记》中有这样的记载："故天子有田以处其子孙，诸侯有国以处其子孙，大夫有采以处其子孙，是谓制度。"《诗经》所说"天生蒸民，有物有则"，即是讲"有人群就必有规则"。

现代中外学者从不同的角度给制度做出多种定义。美国经济学家、历史学家道格拉斯·诺斯认为"制度是个社会的游戏规则，更规范地讲，它们是为人们的相互关系而人为设定的一些制约"，他将制度分为三种类型，即正式规则、非正式规则和这些规则的实施机制。正式规则又称正式制度，是指政府、国家或统治者等按照一定的目的和程序有意识创造的一系列政治、经济规则及契约等法律、法规，以及由这些规则构成的社会的等级结构，包括从宪法到成文法与普通法，再到明细的规则和个别契约等，它们共同构成对人们行为的约束；非正式规则是人们在长期实践中无意识形成的，具有持久的生命力，并构成世代相传的文化的一部分，包括价值观念、伦理规范、道德观念、风俗习惯及意识形态等因素；实施机制是为了确保上述规则得以执行的相关制度安排，它是制度安排中的关键一环。这三部分构成完整的制度内涵，是一个不可分割的整体。《韦伯斯特词典》对制度给出的解释是："制度就是行为规范"，这有些类似"X 就是 Y"的解释。在《辞海》里，制度的第一含义是指要求成员共同遵守的、按统一程序办事的规程。

从制度的功能看，制度为人们的行为提供了一种准则，进而使人们形成不同的行为预期。从制度的具体表现看，制度体现为人类合作的一种共同知识。

一、制度的内容

制度也称规章制度，是国家机关、社会团体、企事业单位，为了维护正常的工作、劳动、学习、生活的秩序，保证国家各项政策的顺利执行和各项工作的正常开展，依照法律、法令、政策而制定的具有法规性或指导性与约束力的应用文，是各种行政法规、章程、规定、公约的总称。

规章制度的使用范围极其广泛，大至国家机关、社会团体、各行业、各系统，小至单位、部门、班组。它是国家法律、法令、政策的具体化，是人们行动的准则和依据。因此，规章制度对社会经济、科学技术、文化教育事业的发展，对社会公共秩序的维护，有着十分重要的作用。

规章制度主要包括劳动合同管理、工资管理、社会保险福利待遇、工时休假、职工奖惩以及其他劳动管理规定。用人单位制定规章制度时，要严格执行国家法律、法规的规定，保障劳动者的劳动权利，督促劳动者履行劳动义务。制定规章制度应当体现权利与义务一致、奖励与惩罚结合，不得违反法律、法规的规定。

二、制度的分类

制度可分为岗位性制度和法规性制度两种类型。岗位性制度适用于某一岗位上的长期性工作，如《办公室人员考勤制度》《机关值班制度》；法规性制度是对某方面工作制定的带有法令性质的规定，如《职工休假制度》《差旅费报销制度》。

制度一经制定颁布，就对某一岗位上的或从事某一项工作的人员有约束作用，是人员行动的准则和依据。

三、制度的发布

制度的发布方式比较多样，除作为文件存档之外，还可以张贴和悬挂在某一岗位和某项工作的现场，以便随时提醒人们遵守，同时便于大家互相监督。

四、制度的特点

1. 指导性和约束性

制度既对相关人员该做什么、如何做有一定指导性，同时也明确相关人员不得做什么，以及违背了会受到什么样的惩罚，因此，制度又有一定的约束性。

2. 规范性和程序性

制度对实现工作程序的规范化、岗位责任的法规化、管理方法的科学化起着重大作用。制度的制定必须以有关政策、法律、法规为依据。制度本身要有程序性，为人们的工作和生活提供可供遵循的依据。

五、制度的写法

1. 标题

制度的标题主要有两种构成形式，一种是以适用对象和文种构成的，如《保密制度》《档案管理制度》；另一种是以单位名称、适用对象、文种构成的，如《××大学校产管理制度》《××市工业局廉政制度》。

2. 正文

规章制度的正文结构一般有以下两种形式。

（1）分章列条式（章条式）。即将规章制度的内容分成若干章，每章又分若干条。第一章是总则，中间各章叫分则，最后一章叫附则。

总则一般写原则性、普遍性、共同性的内容，包括的主要内容有制定依据、制定目的（宗旨）和任务、适用范围、有关定义、主管部门（该项有时也可视具体情况置于分则或附则中）。

分则指接在总则之后的具体内容。通常按事物间的逻辑顺序，或按各部分内容的联系，或按工作活动程序以及惯例分条列项，集中编排。表述奖惩办法的条文也可单独构成奖罚则，作为分则的最后条文。

附则包括的主要内容有施行程序与方式、有关说明（该文书与其他文书之间的关系，规定附件的效用、数量以及不同文字文本的效用等）、负责解释的部门、施行日期等。

（2）条款式。这种规章制度只分条目不分章节，适用于内容比较简单的规章制度。

一般开头说明缘由、目的、要求等，主体部分分条列出规章制度的具体内容。其第一条相当于分章列条式写法的总则，最后一条相当于附则的写法。

3. 制发单位名称和日期

如有必要，可在标题下方正中加括号注明制发单位名称和日期，其位置也可以在正文之下，相当于公文落款的地方。

六、制度的写作要求

1. 体式的规范性

规章制度在一定范围具有法定效力，因此在体式上较其他事务文书更具有规范性。规章制度用语简洁、平易、严密，在格式上，不论是章条式还是条款式，本质上都是采用逐章逐条的写法，条款层次由大到小依次可分为编、章、节、条、款、目、项七级，一般以章、条、款三层组成最为常见。

2. 内容的严密性

规章制度需要人们遵守其特定范围的事项，因此其内容必须有预见性、科学性，就其整体，必须通盘考虑，使其内容具有严密性，否则无法遵守或执行。

第二节　安全生产规章制度建设

一、安全生产规章制度建设的意义

安全生产规章制度是生产经营单位贯彻落实国家安全生产方针政策，依据国家有关安全生产法律法规、国家和行业安全技术标准，结合生产实际，以单位名义颁发的有关安全生产的规范性文件，一般包括规程、标准、规定、措施、办法、制度、指导意见等。

安全生产规章制度并不是凭空想象出来的，它是人们在与自然斗争的过程中取得的经验和教训，是人类在生产作业过程中付出鲜血甚至生命代价换来的。因此，安全生产规章制度是实践经验的总结，是人类同自然斗争所取得胜利的智慧结晶。它来自于生产，反过来又为生产服务，在服务的过程中不断改进、修订和完善。

建立健全安全生产规章制度是生产经营单位有效防范生产、经营过程中的安全风险，保障从业人员安全健康、财产安全、公共安全，加强安全生产管理的重要措施，具有以下重要意义：

1. 建立健全安全生产规章制度是生产经营单位的法定责任

生产经营单位是安全生产的责任主体，《中华人民共和国安全生产法》第四条规定"生产经营单位必须遵守本法和其他有关安全生产的法律、法规，加强安全生产管理，建立、健全安全生产责任制和安全生产规章制度，改善安全生产条件，推进安全生产标准化建设，提高安全生产水平，确保安全生产"；《中华人民共和国劳动法》第五十二条规定"用人单位必须建立、健全劳动安全卫生制度，严格执行国家劳动安全卫生规程和标准，对劳动者进行劳动安全卫生教育，防止劳动过程中的事故，减少职业危害"；《中华人民共和国突发事件应对法》第二十二条规定"所有单位应当建立健全安全管理制度，定期检查本单位各项安全防范措施的落实情况，及时消除事故隐患……"。所以，建立健全安全生产规章制度是国家有关安全生产法律、法规明确的生产经营单位的法定责任。

2. 建立健全安全生产规章制度是用制度来约束人的不安全行为

众所周知，事故预防主要从两个方面考虑：即物的不安全状态和人的不安全行为，其中人的不安全行为占主导地位，它往往会影响到物的安全与否。因此，在生产经营单位安全生产管理实际中，我们必须花大力气来控制和约束人的不安全行为，其直接的方式就是建立健全相关的安全生产规章制度。

生产经营单位在日常生产中常常出现操作者违章作业，甚至生产管理者违章指挥。例如：电工不穿绝缘鞋进行带电作业而发生触电事故，或者生产领导强迫没有带电作业监护资格证的人员，临时去监护带电作业造成人身伤害等。人们在分析违章的原因时，常常指出"违章者缺乏遵守安全生产规章制度的自觉性"。

据统计，生产中所发生的事故有 85%～95% 是由于违章操作、违章指挥和违反劳动纪律所造成的，这些"三违"现象，与人的文化素质有很大的关系。所以，建立健全安全生产规章制度，提高广大干部和职工的安全生产素质是搞好安全生产的重要措施，可以大大提高管理效率。如果一个生产经营单位建立起规范的安全生产规章制度，不论决策层、管理层还是一般职工，都会在制度的约束下规范自己的行为。安全生产规章制度就像一只看不见的手，凡是脱离安全生产的行为都会被这只手拉回到安全生产的正确轨道上来。

3. 建立健全安全生产规章制度是用制度来保证生产经营单位的正常生产经营秩序

安全生产规章制度作为职工行为规范的模式，能使职工个人的活动得以合理进行，同时又成为维护职工共同利益的一种强制手段。因此，生产经营单位各项安全生产规章制度，是生产经营单位进行正常的生产经营管理所必需的，它是一种强有力的安全保证。

俗话说，没有规矩不成方圆。规章制度就是生产经营单位的规矩。没有健全而严格执行的规章制度，生产经营单位是管不好的。安全生产规章制度则是生产经营单位规章制度中的一个重要组成部分，是保证劳动者的安全和健康、保证生产活动顺利进行的手段。

党和国家的安全生产方针、政策要通过规章制度去体现。通过制定和执行安全生产规章制度，生产经营单位管理者可以有条不紊地组织生产，可以促进所有成员树立"安全第一、预防为主、综合治理"的理念，正确处理安全与生产的关系，真正做到当生产与安全发生矛盾时，生产服从安全。

二、安全生产规章制度建设的原则

安全生产规章制度建设必须坚持"安全第一、预防为主、综合治理"的原则。"安全第一、预防为主、综合治理"是我国的安全生产方针，是我国经济社会发展现阶段安全生产客观规律的具体要求。安全第一，就是要求必须把安全生产放在各项工作的首位，正确处理好安全与生产进度、经济效益的关系；预防为主，就是要求生产经营单位的安全生产管理工作要以危险有害因素的辨识、评价和控制为基础，建立健全安全生产规章制度，通过制度的实施达到规范人员安全行为、消除物的不安全状态、实现安全生产工作的目标；综合治理，就是要求在管理上综合采取组织措施、技术措施，落实生产经营单位的各级主要负责人、专业技术人员、管理人员、从业人员，以及党政工团有关管理部门的责任，各负其责，齐抓共管。

1. 主要负责人责任原则

我国安全生产法律、法规对生产经营单位安全生产规章制度建设有明确的规定，如《中华人民共和国安全生产法》第十八条规定"建立、健全本单位安全生产责任制，组织制定本单位安全生产规章制度和操作规程"，是生产经营单位主要负责人的职责。安全生产规章制度的建设和实施，涉及生产经营单位的各个环节和全体人员，只有主要负责人负责，才能有效调动和使用生产经营单位的所有资源，才能协调好各方面的关系，规章制度的落实才能够得到保证。

2. 系统性原则

安全风险来自于生产、经营活动过程之中。因此，安全生产规章制度的建设应按照安全系统工程的原理，涵盖生产经营全过程、全员、全方位，主要包括：①规划设计、建设安装、生产调试、生产运行、技术改造等全过程；②生产经营活动的每个环节、每个岗位、每个人；③事故预防、事故应急处置、事故调查处理等全方位。

3. 规范化和标准化原则

安全生产规章制度的建设应实现规范化和标准化管理，以确保安全生产规章制度建设得严密、完整、有序，即：①按照系统性原则的要求，建立完整的安全生产规章制度体系；②建立安全生产规章制度起草、审核、发布、教育培训、执行、反馈、持续改进的组织管理程序；③每一项安全生产规章制度的编制都要做到目的明确，流程清晰，内容准确，具有可操作性。

三、安全生产规章制度建设的步骤

一项安全生产规章制度可以依据以下步骤制定：

- 考虑存在什么风险，需要从哪些方面控制风险。
- 考虑各个环节之间的关系，也就是流程。
- 考虑每个环节实现的具体要求，也就是5W1H的应用，即从原因（Why）、对象（What）、地点（Where）、时间（When）、人员（Who）、方法（How）等6个方面提出问题进行思考。
- 考虑法律法规的要求，将法律法规的条款转化为制度的内容。
- 考虑制度中需要被追溯的内容，设置记录项。

四、安全生产规章制度建设的依据

编制安全生产规章制度要以安全生产法律、法规、安全技术标准为依据；同时，随着安全科学、技术的迅猛发展，安全生产风险防范的方法和手段不断完善。尤其是安全系统工程理论研究的不断深化，安全管理的方法和手段的日益丰富，如职业健康安全管理体系、风险评估和安全评价体系的建立，为生产经营单位安全生产规章制度的建设提供了重要依据。

五、安全生产规章制度建设的注意事项

安全生产规章制度的建立与健全是生产经营单位安全生产管理工作的重要内容，制度的编制是一项政策性很强的工作，编制过程中要注意以下问题：

1. 依法制定，结合实际

安全生产规章制度必须以国家安全生产法律、法规、方针政策和技术标准为依据，结合生产经营单位的具体情况来制定。安全生产责任制的划分要按照生产经营单位的生产管理模式，根据"管生产管安全，谁主管谁负责"的原则来确定。

2. 有章可循，衔接配套

安全生产规章制度应涵盖生产环节的方方面面，使与安全有关的事项都有章可循，同时又要注意制度之间的衔接配套，防止出现制度的空隙而无章可循，或制度交叉重复又不一致而无可适从。

3. 科学合理，切实可行

安全生产规章制度是行为规范，必须要符合客观规律，特别是操作规程。如果制度编制得不科学将会误导人的行为；如果制度编制得不合理、烦琐复杂将难以顺利执行。

4. 简明扼要，清晰具体

安全生产规章制度的条文、文字要简练，意思表达要清晰，要求规定要具体，以便于记忆、易于操作。

第三节　安全生产规章制度体系

1963 年 3 月 30 日，由国务院发布的《关于加强企业生产中安全工作的几项规定》规定了企业必须建立五项基本制度，即安全生产责任制、安全技术措施计划、安全生

产教育、安全生产定期检查、伤亡事故的调查和处理。这五项基本制度是我国企业必须建立的安全生产管理制度。随着社会和生产的发展，安全生产管理制度也在不断发展，在五项基本制度的基础上又建立了许多新的制度，如安全卫生评价，易燃、易爆、有毒物品管理，劳动防护用品使用与管理，特种设备及特种作业人员管理，机械设备安全检修，动火、防火及文明生产等。

目前，我国还没有明确的安全生产规章制度分类标准。从广义上讲，安全生产规章制度应包括安全管理和安全技术两个方面的内容。在长期的安全生产实践过程中，不同行业的生产经营单位按照自身的习惯和传统，形成了各具特色的安全生产规章制度体系。按照安全系统工程和人机工程原理建立的安全生产规章制度体系，一般把安全生产规章制度分为四类，即综合管理、人员管理、设备设施管理、环境管理；按照标准化工作要求建立的安全生产规章制度体系，一般把安全生产规章制度分为技术标准、工作标准和管理标准，通常称为"三大标准体系"；按职业健康安全管理体系建立的安全生产规章制度，一般包括手册、程序文件、作业指导书等。

根据生产经营单位的特点，一般都应建立以下几类安全生产规章制度：

一、安全生产管理制度

1. 核心制度

核心制度主要包括安全生产责任制，安全生产承诺制度，安全生产党政同责、一岗双责管理制度，安全绩效考核管理制度等。

2. 基础制度

基础制度主要包括生产安全事故隐患排查治理管理制度、安全生产教育培训管理制度、安全生产检查管理制度、安全生产会议管理制度、安全生产投入制度、生产安全事故报告和调查处理管理制度、劳动防护用品管理制度等。

3. 专业制度

专业制度主要包括危险化学品安全管理制度、职业卫生管理制度、消防安全管理制度、危险作业安全管理制度等。

二、安全操作规程

生产经营单位每个工种和岗位都要根据本工种和岗位的安全生产要求，制定和落实本工种和岗位的安全操作规程。

三、事故应急预案

事故应急预案是应急救援系统的重要组成部分，针对各种不同的紧急情况制定有效的应急预案，不仅可以指导应急人员的日常培训和演练，保证各种应急资源处于良好的备战状态，而且可以指导应急行动按计划有序进行。

生产经营单位应根据实际建立健全安全生产规章制度体系，除了相关法律、法规、文件要求必须建立的规章制度外，还应根据行业、本单位生产经营等特点建立相关的安全生产管理制度和一些特有的制度。因为专业制度、安全操作规程及应急预案个性化较强，不同的生产经营单位会有很大差异，因此本书仅对安全生产管理制度中的以下核心制度、基础制度及部分重点专业制度进行详细说明：

- 安全生产责任制
- 安全生产承诺制度
- 安全生产党政同责、一岗双责管理制度
- 安全绩效考核管理制度
- 生产安全事故隐患排查治理管理制度
- 安全生产教育培训管理制度
- 安全生产会议管理制度
- 安全生产检查管理制度
- 安全生产投入制度
- 应急预案管理制度
- 安全生产台账管理制度
- 劳动防护用品管理制度
- 相关方安全管理制度
- 生产安全事故报告和调查处理管理制度
- 安全生产约谈管理制度
- 领导干部和管理人员现场带班管理制度
- 危险化学品安全管理制度
- 职业卫生管理制度

- 建设项目安全设施、职业卫生设施"三同时"安全管理制度
- 消防安全管理制度
- 危险作业安全管理制度

第四节 安全生产规章制度落实

编制制度容易，落实制度难。安全生产规章制度制定的最终目的是为了应用，使之为保障生产经营单位生产安全、经营发展服务，为保护员工生命安全和身体健康服务。安全生产规章制度的应用落实，应该做好以下几个方面的工作：

一、培养安全文化，促进规章制度落实

生产经营单位安全文化是生产经营单位文化的一部分，是生产经营单位的安全理念、安全意识、安全目标、安全责任、安全设施、安全监督以及技术标准、操作规程、规章制度的总和，是在生产经营单位发展过程中形成的一种管理思想和理论，其核心是培养员工的安全价值观。

1. 提高全体员工的安全意识

人的一切行为都是在人的思想意识支配下完成的。正确的、先进的思想意识能够推动社会发展，而消极的、落后的思想意识则阻碍社会发展。人类社会发展如此，生产经营单位的发展也是如此。

2. 培养员工的核心价值观

要让所有的员工深深感受到"单位荣、员工荣，单位耻、员工耻"，个人命运与单位命运唇齿相依、息息相关，感到安全责任重大，从而尽职尽责、勤奋地工作，托起生命之重、托起生产经营单位安全发展之重。

3. 建立"以人为本"的企业制度和管理思想

要求在制度建立中做到：一是生产经营单位目标与个人的目标和谐契合；二是生产经营单位安全管理制度要体现人在安全生产经营中的主导地位；三是要建立灵活多

样的激励机制，使员工有成就感和归属感；四是要做到公平、公正。在执行制度中对事不对人，以制度管人，在制度面前人人平等。

4. 培养学习型员工，创建学习型企业

应当把培养学习型员工和创建学习型企业作为生产经营单位发展的核心进行规划。把员工自学和单位培训相结合，把学历教育和岗位技能培训相结合，定期组织考核，敦促员工将学习作为一项工作任务，作为上岗聘用的重要条件，变被动学习为主动学习，从而不断提高知识技能和安全生产素质，促进生产经营单位进步和发展。

二、规章制度要落实到位，领导是根本

生产经营单位高层领导处在重要的工作岗位，他们负责确定企业价值的目标定位、发展思想、资源配置、各种规章制度的出台以及工作的方式方法等，对规章制度的执行起到决定性的作用。而生产经营单位的中层管理者是保证生产经营单位稳定可持续发展的中坚力量，他们承上启下，既是大团队中的一员和伙伴，又是小团队中的领导和教练，他们应具备正确做事和做正确事的双重能力。只有各层领导以身作则，对制度给予充分重视，执行中不偏颇，做到公平、公正，才能有力地推进制度的有效落实。对安全生产规章制度，一是要重视，安全管理是一项系统化工程，领导必须重视，才能形成一种高压态势，使各级管理人员不敢有丝毫懈怠；二是齐抓共管，领导层是生产经营单位的决策者和管理者，要搞好安全生产管理工作，领导班子必须齐抓共管、齐心协力；三是领导要照章办事，坚持原则，做执行制度的模范，给员工树立榜样，上行下效，才能有影响力、说服力。

三、明确责任，实行层层责任制是落实制度的关键

在生产经营单位的建设和发展中，责任制度的建立和落实是第一位的。但是，为什么经常出现安全生产规章制度落实不到位的情况，关键是责任意识不强，责任落实不到位。对安全生产的法律责任认识不足，没有认识到安全生产的极端重要性，存在"讲起来重要、干起来次要"的现象；对安全与任务、安全与效益的关系处理不好，存在"头痛医头，脚痛医脚"的现象；对安全生产的长期性、艰巨性、反复性认识不足，存在盲目骄傲自满或松劲厌战的情绪。

1. 分清责任

按责任形式可分为领导责任和管理责任，按责任行为可分为直接责任和间接责任。责任不清，像是谁都有责任，又像是谁都无责任，这是安全生产管理中最可怕的事情，也是安全生产工作的大敌。因此，抓好安全生产工作的前提是：分清责任，明确岗位安全管理职责，通过培训使各级人员牢记规章制度，做到在其位，谋其政，尽其责。

2. 分解责任

通过层层签订责任书等形式把安全管理责任落实到人头，并用规章制度加以明确、规范，形成层层抓、层层管的全员参与的安全管理格局。真正对安全生产起到防患于未然的作用，要进行责任评价和问责制，以确保安全责任制度落实。

四、完善监督机制，是规章制度有效执行的有力保障

生产经营单位安全生产规章制度的落实仅靠各级领导干部的"自觉性"是远远不够的，并不能保证制度一定能够落实到位、到底。领导干部，尤其是制度的具体执行者，可以说是权力的直接掌握者，"没有监督的权力是危险的权力"，随时都有成为脱缰之马的可能，必然会出现人为偏离制度的约束和要求，不能真正起到约束和规范作用。只有系统、完善的监督机制才是规章制度有效执行的有力保障。制定制度应细化分工、责任到位、相互监督、严格执行。要利用单位内外监督、上下级监督、社会监督、舆论监督等各种监督机制来确保各项制度的落实。各种监督机制，其产生的作用虽然不一样，但目标是一致的。在众多的监督中，领导监督是主要的。领导监督主要体现在两个方面，首先是领导自己要以身作则带头执行制度，这是对抓好制度落实的最好监督，上行下效这是一种无形的监督机制。其次是要树立起敢抓、不怕得罪人的思想，要一碗水端平，消除亲疏关系，对违反规章制度的要严肃处理，不能姑息迁就，以确保各项制度落到实处。再好的规章制度，不能公正地执行，只会与制定制度的初衷背道而驰，甚至带来无穷的负面效应。俗话说"制度面前，人人平等"，不管是领导干部或亲戚朋友，必须严格按制度办事，谁违背了规章制度，谁就应该受到制度的处罚。否则，认人唯亲，保持一团和气或放低处罚标准，甚至大事化小，小事化无，根本起不到应有的作用，甚至会起到消极的负面作用。

相关管理部门要切实负责，定期、不定期地进行检查，对违反制度的要严肃处理并限期整改，以真正达到严格落实制度的目的。

1. 监督、检查规范化

按照安全生产规章制度的要求，确立检查内容、检查方式、检查时间、检查程序，确保检查不留死角、不走过场。

2. 充实队伍

根据生产经营单位安全生产的监管范围及责任，合理配置安全生产监督机构，配备安全专（兼）职人员，保证安全生产监管工作的正常开展。

3. 做好日常监督、检查

要深入基层，摸清情况，采取定期、不定期和动态、静态等多种方式，对安全生产规章制度落实情况进行监督检查，对工作做到有部署、有检查、有落实，使存在的安全隐患及早发现、及早预防。

4. 整改落实制度化，对查出的安全隐患必须强制整改

安全生产规章制度落实不到位，问题很大程度上出在没有严格整改或没有找到病根，导致问题依旧。因此，对检查出来的安全隐患，要按照"谁检查、谁签字、谁落实、谁负责、谁整改"的"五谁"要求，一查到底，达到消除隐患、落实制度的目的。

总之，安全生产规章制度不能仅仅写在纸上、挂在墙上、说在嘴上，而要在制度执行落实中做到"踏石留印、抓铁有痕"，真正让制度在安全生产管理工作中落地生根，开花结果。生产经营单位要以安全生产规章制度建设为导向，把广大干部职工的思想和行动统一到依法依规办事上来，把智慧和力量凝聚到靠制度推进企业安全发展上来，努力实现新形势下的安全生产目标。

第二章　核心制度编制要点

第一节　安全生产责任制编制要点

　　安全生产责任制是根据我国的安全生产方针"安全第一、预防为主、综合治理"和安全生产法律、法规建立的各级领导、职能部门、工程技术人员、岗位操作人员在劳动生产过程中对安全生产层层负责的制度。安全生产责任制是生产经营单位岗位责任制的一个组成部分，是生产经营单位中最基本、最核心的一项安全生产管理制度。建立安全生产责任制的目的，一方面是增强生产经营单位各级负责人员、各职能部门及其工作人员和各岗位生产人员对安全生产的责任感；另一方面明确生产经营单位中各级负责人员、各职能部门及其工作人员和各岗位生产人员在安全生产中应履行的职责和应承担的责任，以充分调动各级人员和各部门的生产积极性和主观能动性，确保安全生产。

一、主要依据

- 《中华人民共和国安全生产法》
- 《国务院关于进一步加强企业安全生产工作的通知》
- 《中共中央　国务院关于推进安全生产领域改革发展的意见》
- 《国务院安委会办公室关于全面加强企业全员安全生产责任制工作文件的通知》

二、主要要素

安全生产责任制的核心是理清安全管理的责任界面，解决"谁来管，管什么，怎么管，承担什么责任"的问题，主要要素应包含以下方面：

1. 范围上应按照"横到边、纵到底、全覆盖"的原则，编制从主要负责人到一线从业人员（含劳务派遣人员、实习学生等）的各级岗位安全责任。

2. 内容上应"以岗定责"，逐级明确责任范围、内容，做到与岗位工作性质、管理职责协调一致，确保责任落到实处。

3. 考核标准应包含经济处罚和责任追究两部分内容。相应的条款各生产经营单位应结合实际来确定，要以增强可操作性为原则。

三、法定内容

1. 《中华人民共和国安全生产法》（节选）

第十八条　生产经营单位的主要负责人对本单位安全生产工作负有下列职责：

（一）建立、健全本单位安全生产责任制；

（二）组织制定本单位安全生产规章制度和操作规程；

（三）组织制订并实施本单位安全生产教育和培训计划；

（四）保证本单位安全生产投入的有效实施；

（五）督促、检查本单位的安全生产工作，及时消除生产安全事故隐患；

（六）组织制定并实施本单位的生产安全事故应急救援预案；

（七）及时、如实报告生产安全事故。

第十九条　生产经营单位的安全生产责任制应当明确各岗位的责任人员、责任范围和考核标准等内容。

生产经营单位应当建立相应的机制，加强对安全生产责任制落实情况的监督考核，保证安全生产责任制的落实。

第二十二条　生产经营单位的安全生产管理机构以及安全生产管理人员履行下列职责：

（一）组织或者参与拟订本单位安全生产规章制度、操作规程和生产安全事故应急救援预案；

（二）组织或者参与本单位安全生产教育和培训，如实记录安全生产教育和培训情况；

（三）督促落实本单位重大危险源的安全管理措施；

（四）组织或者参与本单位应急救援演练；

（五）检查本单位的安全生产状况，及时排查生产安全事故隐患，提出改进安全生产管理的建议；

（六）制止和纠正违章指挥、强令冒险作业、违反操作规程的行为；

（七）督促落实本单位安全生产整改措施。

2.《中共中央 国务院关于推进安全生产领域改革发展的意见》（节选）

（三）严格落实企业主体责任。企业对本单位安全生产和职业健康工作负全面责任，要严格履行安全生产法定责任，建立健全自我约束、持续改进的内生机制。企业实行全员安全生产责任制，法定代表人和实际控制人同为安全生产第一责任人，主要技术负责人负有安全生产技术决策和指挥权，强化部门安全生产职责，落实一岗双责。完善落实混合所有制企业以及跨地区、多层级和境外中资企业投资主体的安全生产责任。建立企业全过程安全生产和职业健康管理制度，做到安全责任、管理、投入、培训和应急救援"五到位"。国有企业要发挥安全生产工作示范带头作用，自觉接受属地监管。

3.《国务院安委会办公室关于全面加强企业全员安全生产责任制工作文件的通知》（节选）

为深入贯彻《中共中央 国务院关于推进安全生产领域改革发展的意见》（以下简称《意见》）关于企业实行全员安全生产责任制的要求，全面落实企业安全生产（含职业健康，下同）主体责任，进一步提升企业的安全生产水平，推动全国安全生产形势持续稳定好转，现就全面加强企业全员安全生产责任制工作有关事项通知如下：

一、高度重视企业全员安全生产责任制

（一）明确企业全员安全生产责任制的内涵。企业全员安全生产责任制是由企业根据安全生产法律法规和相关标准要求，在生产经营活动中，根据企业岗位的性质、特点和具体工作内容，明确所有层级、各类岗位从业人员的安全生产责任，通过加强教育培训、强化管理考核和严格奖惩等方式，建立起安全生产工作"层层负责、人人有责、各负其责"的工作体系。

（二）充分认识企业全员安全生产责任制的重要意义。全面加强企业全员安全生产责任制工作，是推动企业落实安全生产主体责任的重要抓手，有利于减少企业"三违"现象（违章指挥、违章作业、违反劳动纪律）的发生，有利于降低因人的不安全行为造成的生产安全事故，对解决企业安全生产责任传导不力问题，维护广大从业人员的生命安全和职业健康具有重要意义。

二、建立健全企业全员安全生产责任制

（三）依法依规制定完善企业全员安全生产责任制。企业主要负责人负责建立、健全企业的全员安全生产责任制。企业要按照《安全生产法》《职业病防治法》等法律法规规定，参照《企业安全生产标准化基本规范》（GB/T 33000—2016）和《企业安全生产责任体系五落实五到位规定》（安监总办〔2015〕27 号）等有关要求，结合企业自身实际，明确从主要负责人到一线从业人员（含劳务派遣人员、实习学生等）的安全生产责任、责任范围和考核标准。安全生产责任制应覆盖本企业所有组织和岗位，其责任内容、范围、考核标准要简明扼要、清晰明确、便于操作、适时更新。企业一线从业人员的安全生产责任制，要力求通俗易懂。

（四）加强企业全员安全生产责任制公示。企业要在适当位置对全员安全生产责任制进行长期公示。公示的内容主要包括：所有层级、所有岗位的安全生产责任，安全生产责任范围，安全生产责任考核标准等。

（五）加强企业全员安全生产责任制教育培训。企业主要负责人要指定专人组织制订并实施本企业全员安全生产教育和培训计划。企业要将全员安全生产责任制教育培训工作纳入安全生产年度培训计划，通过自行组织或委托具备安全培训条件的中介服务机构等实施。要通过教育培训，提升所有从业人员的安全技能，培养良好的安全习惯。要建立健全教育培训档案，如实记录安全生产教育和培训情况。

（六）加强落实企业全员安全生产责任制的考核管理。企业要建立健全安全生产责任制管理考核制度，对全员安全生产责任制落实情况进行考核管理。要健全激励约束机制，通过奖励主动落实、全面落实责任，惩处不落实责任、部分落实责任，不断激发全员参与安全生产工作的积极性和主动性，形成良好的安全文化氛围。

三、加强对企业全员安全生产责任制的监督检查

（七）明确对企业全员安全生产责任制监督检查的主要内容。地方各级负有安全生产监督管理职责的部门要按照"管行业必须管安全、管业务必须管安全、管生产经营

必须管安全"和"谁主管、谁负责"的要求，切实履行安全生产监督管理职责，加强对企业建立和落实全员安全生产责任制工作的指导督促和监督检查。监督检查的内容主要包括：

1. 企业全员安全生产责任制建立情况。包括：是否建立了涵盖所有层级和所有岗位的安全生产责任制；是否明确了安全生产责任范围；是否认真贯彻执行《企业安全生产责任体系五落实五到位》等。

2. 企业安全生产责任制公示情况。包括：是否在适当位置进行了公示；相关的安全生产责任制内容是否符合要求等。

3. 企业全员安全生产责任制教育培训情况。包括：是否制订了培训计划、方案；是否按照规定对所有岗位从业人员（含劳务派遣人员、实习学生等）进行了安全生产责任制教育培训；是否如实记录相关教育培训情况等。

4. 企业全员安全生产责任制考核情况。包括：是否建立了企业全员安全生产责任制考核制度；是否将企业全员安全生产责任制度考核贯彻落实到位等。

（八）强化监督检查和依法处罚。地方各级负有安全生产监督管理职责的部门要把企业建立和落实全员安全生产责任制情况纳入年度执法计划，加大日常监督检查力度，督促企业全面落实主体责任。对企业主要负责人未履行建立健全全员安全生产责任制职责，直接负责的主管人员和其他直接责任人员未对从业人员（含被派遣劳动者、实习学生等）进行相关教育培训或者未如实记录教育培训情况等违法违规行为，由地方各级负有安全生产监督管理职责的部门依照相关法律法规予以处罚。健全安全生产不良记录"黑名单"制度，因拒不落实企业全员安全生产责任制而造成严重后果的，要纳入惩戒范围，并定期向社会公布。

四、工作要求

（九）加强分类指导。地方各级安全生产委员会、国务院安委会各成员单位要根据本通知精神，指导督促相关行业领域的企业密切联系实际，制定全员安全生产责任制，努力实现"一企一标准，一岗一清单"，形成可操作、能落实的制度措施。

（十）注重典型引路。地方各级安全生产委员会要充分发挥指导协调作用，及时研究、协调解决企业全员安全生产责任制贯彻实施中出现的突出问题。要通过实施全面发动、典型引领、对标整改等方式，整体推动企业全员安全生产责任制的落实。目前尚未开展企业全员安全生产责任制工作的地区，要根据本通知精神，结合本地区实际，统筹制定落实方案，并印发至企业；已开展此项工作的地区，要结合本通知精神，进一步完善原有政策措施，确保本通知的各项要求落到实处。国务院安全生产委员会办公室将适时遴选一批典型做法在全国推广。

（十一）营造良好氛围。地方各级安全生产委员会、国务院安委会各成员单位要以落实中央《意见》为契机，加大企业全员安全生产责任制工作的宣传力度，发动全员共同参与。各级工会、共青团、妇联等要积极参与监督，大力推动企业加快落实全员安全生产责任制，形成合力，共同营造人人关注安全、人人参与安全、人人监督安全的浓厚氛围，促进企业改进安全生产管理，改善安全生产条件，提升安全生产水平，真正实现从"要我安全"到"我要安全""我会安全"的转变。

四、编写参考

××集团公司安全生产责任制

第一章　总　　则

第一条　为了贯彻国家"安全第一、预防为主、综合治理"的安全生产方针，国务院关于"管生产必须管安全"的原则，"行政正职和企业法定代表人是安全生产第一责任人，对安全生产工作应负全面领导责任；分管安全生产工作的副职应负具体的领导责任；分管其他工作的副职在其分管工作中涉及安全生产内容的，也应承担相应的领导责任"的要求，明确各级领导和职能部门的安全生产工作责任，保障劳动者在生产中的安全和健康，结合集团的具体情况，特制定本制度。

第二条　集团所属各单位均应按照本规定贯彻执行，并建立本单位安全生产责任体系，安全生产管理部门负责监督检查。

第三条　各级领导和各职能部门有权拒绝上级违反安全规程的生产指令，并向上级安全生产监督管理部门报告。

第二章　安全生产委员会安全生产职责

第四条　集团安全生产委员会安全生产职责

1. 贯彻执行国家安全生产方针、政策和有关法律、法规。

2. 贯彻落实全国和北京市安全生产工作部署。

3. 部署集团安全生产工作，研究解决安全生产重大问题。

4. 监督检查安全生产责任制的落实情况。

5. 监督各单位重大事故隐患的整改工作。

6. 组织有关部门调查处理生产安全事故。

7. 对生产安全事故的责任单位和个人提出处理意见。

8. 对安全生产工作先进单位和个人提出表彰、奖励建议。

9. 定期召开安全生产委员会会议，听取各职能部门安全生产工作情况汇报，检查年度安全生产工作部署、完成情况。

第五条 安全生产委员会办公室设在集团安全部，其主要职责见安全部职责。

第三章 企业领导安全生产职责

第六条 总经理安全生产职责

总经理是企业安全生产的第一责任者，对企业安全生产全面负责，具体职责如下：

1. 认真贯彻执行安全生产方针、政策、法规和标准。

2. 建立、健全本单位安全生产责任制，健全安全生产管理机构，充实专兼职安全生产管理人员。

3. 审定、颁发本单位的安全生产管理制度。

4. 保证本单位安全生产投入的有效实施，落实安全技术措施经费和安全奖励基金。

5. 及时解决事故隐患，对本单位无力解决的重大隐患，按规定权限向上级有关部门提出报告。

6. 坚持安全生产"五同时"原则，对重要的经济技术决策确定保证职工安全、健康的措施。

7. 定期召开安全生产例会，研究、部署安全生产工作。

8. 审定新的建设项目时，遵守和执行安全卫生设施与主体工程同时设计、同时施工和同时验收投产的"三同时"规定。

9. 组织对伤亡事故的调查分析，按"四不放过"的原则严肃处理，并对所发生的伤亡事故调查、登记、统计和报告的正确性、及时性负责。

10. 组织制定或审定本单位重大事故应急救援预案，并组织实施。

第七条 分管安全工作副总经理安全生产职责

1. 协助行政正职管理本单位安全生产工作，定期分析安全生产情况，制定安全生产工作计划。

2. 负责制定和审查安全生产规章制度、奖惩方案、安全技术措施项目计划、重大事故隐患的整改计划和方案，并督促实施。

3. 组织检查各职能管理部门安全生产职责履行和各项安全生产规章制度执行情况，及时协调解决存在的重大问题。

4. 组织开展安全生产综合检查，协调开展安全生产专业检查。

5. 审查重大危险源的控制措施和应急预案，并按要求监督实施。

6. 协调组织事故的调查处理。

7. 组织有关部门对职工进行安全生产培训和考核。

8. 组织开展安全生产竞赛、评比活动，对安全生产的先进集体和先进个人予以表彰或奖励。

9. 负责组织落实安全生产培训、教育和考核工作。

第八条　党委副书记安全生产职责

1. 贯彻执行党和国家的安全生产方针、政策，健全安全生产组织机构，配备安全生产技术管理干部，加强对安全生产的监督。

2. 按照"谁主管谁负责"原则，负责组织、宣传、公安、纪委、团委等部门在各自的业务范围内安全生产职责的落实，对所分管系统的安全生产负直接领导责任。

3. 及时宣传党和国家有关安全生产的方针、政策、法令，宣传报道安全生产的先进经验、模范事迹，进行事故通报。

4. 发挥各级纪检组织在企业安全生产中的监督作用，组织纪委监察部门参加重大伤亡事故调查，参与对负有领导责任的事故责任人的处理。

5. 认真履行关键装置要害部位安全联系（承包）职责，并每季参加1次基层安全活动。

6. 按照上述安全生产职责，制订年度安全生产工作计划，并在具体工作中逐条落实。

第九条　分管其他工作副总经理安全生产职责

1. 按"谁主管谁负责"的原则，对分管业务的安全生产工作负领导责任，认真贯彻上级有关安全生产的指示。

2. 督促分管部门的负责人落实安全生产职责。

3. 主持分管部门会议研究、解决安全生产方面存在的问题。

4. 组织开展分管部门的安全生产检查。

5. 审核分管部门的事故应急预案。

6. 参加分管部门事故的调查处理。

第十条 工会主席安全生产职责

1. 贯彻国家及全国总工会有关安全生产、劳动保护的方针、政策并监督执行。充分发挥广大职工在安全生产工作中的监督作用。

2. 按照"谁主管谁负责"的原则，对工会系统的安全生产工作负直接领导责任。

3. 协助安全生产监督管理部门搞好安全生产竞赛活动和合理化建议活动。参加有关安全生产规章制度的制订。

4. 组织职工开展遵章守纪和预防事故的群众性活动，支持行政关于安全生产工作的奖惩，做好职工伤亡事故的善后处理工作。

5. 关心职工劳动条件的改善，保护职工在劳动中的安全与健康，做好女职工劳动保护工作，把职业安全卫生工作列入职工代表大会的议题。

6. 负责落实本企业公共文化娱乐场所的安全防火管理工作。

7. 认真履行关键装置要害部位安全联系（承包）职责，并每季参加1次基层安全活动。

8. 按照上述安全生产职责，制订年度安全生产工作计划，并在具体工作中逐条落实。

第四章 职能部门安全生产职责

第十一条 办公室安全生产职责

1. 协助企业领导贯彻上级有关安全生产指示，及时转发上级和有关部门的安全生产文件、资料。做好安全生产会议记录，对安全生产监督管理部门的有关材料及时组织会审、打印、下发。

2. 负责组织检查落实干部值班制度。

3. 负责对临时来厂参观学习、办事人员进行登记和进厂安全生产教育。

4. 负责所管辖单位的安全生产工作，制订和健全安全生产责任制和规章制度。

5. 在安排、总结工作时，同时安排、总结安全生产工作。

第十二条 安全生产监督管理部门（安全部）安全生产职责

1. 贯彻执行国家及集团公司安全生产的方针、法律、法规、政策和制度，在企业领导和安全生产委员会的领导下负责企业的安全生产监督管理工作。

2. 负责对职工进行安全生产教育和培训，新入厂职工的厂级安全生产教育。归口管理特种作业人员的安全技术培训和考核；组织开展各种安全生产活动；办好安全生产教育室；制订班组安全生产活动计划；对领导参加基层安全生产活动情况进行检查考核。

3. 组织制订、修订本企业职业安全卫生管理制度和安全技术规程，编制安全技术措施计划，并监督检查执行情况。

4. 组织安全生产大检查。执行事故隐患整改制度，协助和督促有关部门对查出的隐患制订防范措施，检查监督隐患整改工作的完成情况。组织重大隐患治理项目的评估、立项、申报及项目实施的检查监督工作。

5. 参加新建、扩建、改建及大修、技措工程的"三同时"监督，负责组织建设工程项目的安全、卫生（预）评价工作，使其符合职业安全卫生技术要求。

6. 会同设备管理部门负责锅炉、压力容器、压力管道、特种设备和大机组安全生产监督工作。

7. 深入现场监督检查，督促并协助解决有关安全生产问题，纠正违章作业。遇有危及安全生产的紧急情况，有权责令其停止作业，并立即报告有关领导。

8. 检查各项安全生产管理制度的执行情况，对直接作业环节进行重点安全生产监督。

9. 负责各类事故汇总、统计上报工作；主管人身伤亡、放射事故的调查处理；参加各类报集团公司事故的调查、处理；协助地方政府主管部门做好工伤认定工作；组织到集团公司进行事故汇报。

10. 按国家有关规定，负责制订职工劳动防护用品、保健食品和防暑降温饮料的发放标准，并督促、检查有关部门按规定及时发放和合理使用。

11. 会同有关部门搞好职业安全卫生和劳动保护工作，不断改善劳动条件。

12. 负责安全生产工作考核评比，对安全生产先进工作者或事故责任者，提出奖惩意见。会同工会等部门认真开展安全生产竞赛活动，总结交流安全生产先进经验；开展安全技术研究，推广安全生产科研成果、先进技术及现代安全生产管理办法。

13. 检查督促有关部门搞好安技装备的维护保养、管理工作。

14. 建立健全安全生产管理网络，指导基层安全生产工作，加强安全生产基础建设，定期召开安全生产专业人员会议。

15. 负责安全生产保证基金的管理，提出基金使用计划，并对计划的实施进行监督检查。

第十三条 生产调度部门安全生产职责

1. 及时传达、贯彻、执行上级有关安全生产的指示，坚持生产与安全的"五同时"。

2. 在保证安全的前提下组织指挥生产，制止违反安全生产制度、规定和安全技术规程的行为，并向领导报告，及时通知安全生产监督管理部门共同处理，严禁违章指挥、违章作业。

3. 在生产过程中出现不安全因素、险情及事故时，应果断正确处理，立即报告主管领导并通知有关职能部门，防止事态扩大。

4. 参加安全生产大检查，随时掌握安全生产动态，对各单位的安全生产情况及时在调度会上给予通报。

5. 负责贯彻操作纪律管理规定，杜绝或防止发生非计划停工和"跑、冒、串"等事故，实现"安、稳、长、满、优"生产。

6. 负责生产事故（非计划停工和"跑、冒、串"事故等）的调查处理和统计上报工作。发生上报事故时，及时向集团公司有关部门报告，参加其他报集团公司事故的调查处理。

第十四条 技术部门安全生产职责

1. 按时编制或修订工艺技术操作规程，对操作规程、工艺技术指标和工艺纪律执行情况进行检查、监督和考核。

2. 在制订长远发展规划、编制全厂技术措施计划和进行技术改造时，应有安全技术和改善劳动条件的措施项目，制止削减安全技术措施项目和挪用安技措施经费做法。制订增产节约措施时，应符合安全技术要求。

3. 负责因工艺技术原因引起的事故调查处理和统计上报，参加其他报集团公司事故的调查处理。

4. 执行安全生产"三同时"的原则，组织技措项目的设计、施工和投用时的"三同时"审查。

5. 负责组织工艺技术方面的安全检查，及时改进技术上存在的问题。

6. 组织开展安全技术攻关工作，积极采用先进技术和安全装备。

7. 负责组织爆炸危险区域划分和审查工作。

第十五条 人事教育部门安全生产职责

1. 负责职工安全生产教育和培训的归口管理工作，负责对新进单位人员（包括实习、代培人员）的入厂安全生产教育和考核，考核合格后方可分配到基层单位。协助安全生产监督管理部门组织对职工的安全技术教育及特种作业人员的培训、考核工作。

2. 负责贯彻劳动纪律管理规定，负责对职工劳动纪律的教育与检查。

3. 组织并检查各单位对职工的安全技术培训考核，制订企业年度培训考核计划，并组织落实。

4. 贯彻《中华人民共和国劳动法》，严格控制加班加点。

5. 参加重大事故调查，办理事故责任者的惩处事项，负责工伤认定后有关补偿和鉴定工作。

6. 把安全生产工作业绩纳入干部晋升、职工晋级和考核奖励的重要内容。

7. 组织做好新工人的体检工作。根据职业禁忌证的要求，做好新老工人工种分配和调整，认真执行有害工种定期轮换、脱离岗位休养的规定。

8. 按国家规定，落实安全技术人员、工业卫生人员和消防人员的配备。

9. 在办理临时用工协议书时，应有安全生产方面的条款规定，并会同有关部门执行。

第五章 基层单位领导和职工安全生产职责

第十六条 行政正职安全职责

1. 对本单位安全生产全面负责。

2. 保证国家、集团公司和企业有关安全生产的法律法规、标准和规章制度在本单位贯彻执行，落实各岗位职责和各项安全技术措施，及时发现和纠正"三违"现象，确保安全生产。

3. 把职业安全卫生工作列入议事日程，做到"五同时"。

4. 组织制订并实施本单位生产安全事故应急预案、安全管理规定、安全技术操作规程和安全技术措施。

5. 组织对新入厂职工进行安全生产教育，对职工进行经常性的安全意识、安全知识和安全技术教育，开展岗位技术练兵，定期组织安全技术考核和应急预案演练，组织并参加班组安全活动。

6. 每周组织一次安全生产检查，落实隐患整改，保证生产设备、安全装备、消防设施、防护器材和急救器具等处于完好状态，并教育职工加强维护，正确使用。

7. 组织开展各项安全生产活动，总结交流安全生产经验、表彰并奖励先进班组和个人。

8. 对本单位发生的事故要坚持"四不放过"的原则，及时报告和处理，负责保护事故现场，防止事态扩大。

9. 负责对直接作业环节作业许可证的申请或审批，组织落实好各项安全生产防范措施。

10. 建立安全生产管理网络，发挥专、兼职安全生产管理人员的作用。

第十七条 分管生产副职安全生产职责

1. 对本单位安全生产负直接责任。

2. 组织职工认真执行国家、集团公司和企业有关安全生产的法规、标准和规章制度，坚持生产与安全"五同时"。

3. 在保证安全的前提下组织指挥生产，及时制止违反安全生产制度和安全技术规程的行为。

4. 在生产过程中发现不安全因素、险情及事故时，应果断正确处理，立即报告主管领导，并通知有关职能部门，防止事态扩大。

5. 贯彻执行工艺操作纪律和操作规程，杜绝或减少非计划停工和"跑、冒、串"事故，实现"安、稳、长、满、优"生产。

6. 负责组织安全生产检查。

7. 负责落实大检修及临时抢修施工时的安全措施，制订安全施工方案，安排监护人员。

8. 负责员工生产技术培训和考核，检查新入厂员工安全生产教育工作。

9. 负责对直接作业环节作业许可证的申请或审批，组织落实好各项安全生产防范措施。

第十八条 分管设备副职安全生产职责

1. 贯彻执行国家、集团公司和企业关于设备检修、维护保养及施工方面的安全规定、标准及制度；负责组织制订和修订本单位各类设备的维护操作规程和安全生产管理制度。

2. 负责本单位设备的安全生产管理和安全运行，使其符合安全技术规范、标准的要求。

3. 负责组织编制本单位设备改造方案和设备检修计划，应有相应的职业安全卫生措施内容，并负责落实安全措施。

4. 组织本单位设备安全检查，对查出的问题应及时整改，并负责组织制订安全技术措施计划和落实事故隐患整改项目按计划实施。

5. 负责对本单位职工进行设备维护、保养、使用等安全知识的培训考核。

6. 负责落实本单位安技装备和消防设施的维护保养工作。

7. 按照安全生产监督管理制度，负责对直接作业环节作业许可证的申请或审批，组织落实好各项安全防范措施。

第十九条　工艺技术人员安全生产职责

1. 负责本单位生产工艺中的安全技术工作，确保工艺技术安全可靠。油田企业技术员要严格按设计施工，落实设计中各项生产安全技术措施，确保施工安全。

2. 负责编制本单位安全技术规程及有关管理制度。在编制开停工、技术改造方案时，应有可靠的安全卫生技术措施，并对执行情况进行检查监督。

3. 具体负责对本单位职工进行安全技术与安全知识培训，组织安全生产技术练兵和考核。

4. 每天深入现场检查安全生产情况，发现事故隐患及时整改。制止违章作业、违章指挥，紧急情况下有权停止作业，并立即报请领导处理。

5. 参加本单位新建、扩建、改建工程设计审查、竣工验收；参加工艺改造、工艺条件变动方案的审查，使之符合安全技术要求。

6. 负责本单位装置检修、停工、开工安全技术方案的制订，对方案执行情况进行检查监督。

7. 对本单位发生生产或与生产有关的事故及时报告，参加事故调查、分析。

第二十条　设备技术人员安全生产职责

1. 负责本单位设备安全管理和运行。

2. 负责编制本单位设备操作安全技术规程及管理制度。在编制设备维护、检修、保养制度、方案时，应有可靠的安全卫生技术措施，对执行情况进行检查监督。

3. 具体负责对本单位职工进行设备安全操作技术知识培训，组织设备安全生产技术练兵和考核。

4. 每天深入现场检查设备安全运行情况，发现事故隐患及时整改。制止违章作业、违章指挥，紧急情况下有权停止作业，并立即报请领导处理。

5. 参加本单位新建、扩建、改建工程设计审查、竣工验收；参加设备改造、设备操作条件变动方案的审查，使之符合安全技术要求。

6. 对本单位发生设备和与设备有关的事故及时报告，参加事故调查、分析。

7. 负责本单位装置停工检修安全技术方案的制订，对执行情况进行检查监督。

第二十一条 安全技术人员安全生产职责

1. 负责本单位安全技术工作，贯彻执行上级安全生产的指示、规定、标准、规章制度等，并检查督促执行。业务上接受安全生产监督部门的指导。

2. 负责并参加编制本单位安全生产管理制度和安全技术操作规程，对执行情况进行检查监督。

3. 负责编制本单位安全技术措施计划和隐患整改方案，及时上报和检查落实。

4. 协助领导做好职工的安全意识、安全技术教育工作，负责新入厂人员的安全生产教育，指导并督促检查班组（岗位）安全生产教育工作。

5. 负责安排并检查班组安全活动，定期组织事故预案演练。

6. 按照安全技术规范、标准的要求，参加本单位新建、改建、扩建工程的设计、竣工验收和设备改造、工艺条件变动方案的"三同时"审查，落实装置检修、停工、开工的安全技术措施。

7. 负责本单位安全技术装备、消防器材、防护和急救器具的管理；掌握尘毒危害情况，提出防护意见和建议。

8. 每天深入现场检查，发现隐患及时整改。制止违章作业，在紧急情况下对不听劝阻者，可停止其工作，并立即报请领导处理。检查落实用火安全措施，确保用火安全。

9. 参加各类事故的调查处理，负责统计分析，按时上报。

10. 健全完善安全生产管理基础资料，做到齐全、实用、规范化。

第二十二条 段长（值班主任、大班长）、班组长安全生产职责

1. 执行落实企业对安全生产的指令和要求，全面负责本工段（班组）的安全生产。

2. 组织职工学习并执行落实企业各项安全生产规章制度和安全技术操作规程，教育职工遵章守纪，制止违章行为，确保本工段（班组）的生产安全。

3. 组织并参加班组安全活动日及其他安全活动，坚持班前讲安全、班中检查安全、班后总结安全。

4. 负责对新入厂人员（包括实习、代培人员）进行岗位安全教育。

5. 负责班组安全生产检查，发现不安全因素及时组织力量消除，并报告上级。发生事故立即报告，组织抢救，保护好现场，做好详细记录，并参加事故调查、分析，落实防范措施。

6. 负责生产设备、安全装备、消防设施、防护器材和急救器具的日常检查维护工作，使其保持完好和正常运行。督促教育职工合理使用劳动防护用品、用具，正确使用消防器材。

7. 组织班组安全生产竞赛，表彰先进，总结经验。

8. 负责班组基层建设、基础管理，提高班组管理水平。保持生产作业现场整齐、清洁，实现清洁文明生产。

9. 落实好直接作业的监护工作。

第二十三条 班组安全员安全生产职责

1. 班组安全员由班（组）长或副班（组）长兼任，接受本单位安全员的业务指导，负责本班（组）的安全工作。

2. 组织开展本班（组）的各种安全活动，负责安全活动记录，提出改进安全生产工作的意见和建议。坚持班前安全讲话，班后安全总结。

3. 对新入厂人员（包括实习、代培人员）进行班组、岗位安全生产教育。组织岗位技术练兵，开展事故预案演练。

4. 严格执行安全生产的各项规章制度，对违章作业有权制止，并及时报告。

5. 检查监督本班组、岗位人员正确使用和管理好劳动防护用品、用具及消防器材。

6. 发生事故时，及时了解情况，维护好现场，救护伤员，并及时向领导报告。

7. 落实好直接作业的监护工作。

第二十四条 生产操作人员安全生产职责

1. 安全生产人人有责，企业的每个职工都应在各自的岗位上认真履行安全生产职责，对本岗位的安全生产负直接责任。遵守劳动纪律，执行安全生产规章制度和安全操作规程。

2. 保证本岗位工作地点和设备、工具的安全、整洁，不随便拆除安全防护装置，不使用自己不该使用的机械和设备，正确使用劳动防护用品。

3. 上岗前认真检查设备、工具及其安全防护装置，发现不安全因素及时报告班组安全员、班长。

4. 积极参加各种形式的安全生产教育及操作培训，认真听取安全员对本人安全生产的指导。

5. 按规定正确穿戴、合理使用劳动防护用品和用具，对他人的违章作业行为有责任规劝，对违章指挥有权拒绝执行，并立即报告上级安全员。

6. 及时反映、处理事故隐患，积极参加事故抢救工作。

7. 有权拒绝违章指挥，有权对上级单位和领导忽视职工安全、健康的错误决定和行为提出批评或控告。

第二节　安全生产承诺制度编制要点

安全生产承诺制度作为生产经营单位安全管理制度体系中的一项基础制度，它充分体现信用原则、企业社会责任原则，是生产经营单位安全文化建设的重要体现，是生产经营单位就遵守安全生产法律、法规，执行安全生产规章制度，持续具备安全生产条件等内容，向职工、上级及社会做出的公开承诺，也是职工就遵守安全生产法律、法规和履行岗位安全生产职责向单位做出的公开承诺。

一、主要依据

• 《国家安全监管总局关于进一步加强企业安全生产规范化建设　严格落实企业安全生产主体责任的指导意见》

• 《国务院安全生产委员会关于加强企业安全生产诚信体系建设的指导意见》

二、主要要素

1. 安全生产承诺制度要体现分级：一是生产经营单位（负责人）向职工及上级和社会做出公开承诺；二是职工向生产经营单位做出公开承诺。

2. 安全生产承诺书上应包含单位名称、所在部门与岗位、承担的具体工作、承诺的内容、承诺人签字盖章、承诺的时限。

三、法定内容

《国务院安全生产委员会关于加强企业安全生产诚信体系建设的指导意见》（节选）

（一）建立安全生产承诺制度。

重点承诺内容：一是严格执行安全生产、职业病防治、消防等各项法律法规、标准规范，绝不非法违法组织生产；二是建立健全并严格落实安全生产责任制度；三是确保职工生命安全和职业健康，不违章指挥，不冒险作业，杜绝生产安全责任事故；四是加强安全生产标准化建设和建立隐患排查治理制度；五是自觉接受安全监管监察和相关部门依法检查，严格执行执法指令。

安全监管监察部门、行业主管部门要督促企业向社会和全体员工公开安全承诺，接受各方监督。企业也要结合自身特点，制定明确各个层级一直到区队班组岗位的双向安全承诺事项，并签订和公开承诺书。

各生产经营单位在编写安全生产承诺制度时也可以结合实际，从以下几方面考虑补充：

生产经营单位：

（1）遵守安全生产法律法规、标准；

（2）健全完善安全生产规章制度和岗位安全操作规程；

（3）保证安全生产资金投入的有效实施；

（4）不断完善安全生产条件；

（5）实现年度安全生产管理目标；

（6）职工劳动保护、职业健康；

（7）达不到承诺目标追究责任；

（8）其他需要承诺的内容。

职工：

（1）遵守安全生产法律法规、标准；

（2）遵守生产经营单位安全生产规章制度和岗位安全操作规程，服从管理；

（3）正确使用劳动防护用品；

（4）发现事故隐患或者其他不安全因素，立即向现场安全生产管理人员或者本单位负责人报告；

（5）其他需要承诺的内容。

四、编写参考

××公司安全生产承诺制度

第一条 为全面落实公司安全生产主体责任，提升公司安全生产水平，强化全员安全生产意识，提高职工遵章守纪的自觉性，确保安全生产，防止安全生产事故的发生，根据《国务院关于进一步加强企业安全生产工作的通知》（国发〔2010〕23号）和《国家安全监管总局关于进一步加强企业安全生产主体责任的指导意见》（安监总办〔2010〕139号）文件的要求，结合本公司的实际，制定本制度。

第二条 安全生产承诺的分级

1. 公司负责人代表公司向上级主管部门和社会及公司职工签订安全生产承诺书，确保公司严格执行《中华人民共和国安全生产法》及国家安全生产的法律法规，不发生一般事故等级以上的安全生产事故。

2. 认真落实安全生产承诺制度，是职工履行岗位安全职责的基本保证，也是履行安全生产职责的义务，职工本人向公司进行书面承诺，即签订安全生产承诺书。

第三条 安全生产承诺制度的范围和程序

1. 与公司签订劳动合同的所有人员都应签订安全生产承诺书。

2. 新入厂的职工在完成"三级"安全生产教育后签订安全生产承诺书。

3. 承诺人必须熟悉安全生产承诺内容，并在安全生产承诺书上亲笔签字，不允许他人代签。安全生产承诺书一式两份，一份由承诺人保管，一份由公司安环部存档。

4. 承诺书每年一月份签订，有效期为一年。

第四条 安全生产承诺内容

1. 公司的承诺内容

（1）认真贯彻"安全第一、预防为主、综合治理"的方针，牢固树立"安全发展""以人为本"的理念。抓好企业安全生产主体责任和公司主要负责人第一责任的落实。

（2）严格遵守国家安全生产的法律、法规及标准，建立健全公司安全生产责任制和各项规章制度、操作规程，并严格落实到位。

（3）确保安全投入资金按计划落实到位，不断完善和改进安全生产条件。

（4）依法对职工特别是新入厂职工进行安全生产教育和安全知识培训，做到按要求持证上岗。

（5）不违章指挥，不强令职工违章冒险作业。

（6）严格执行领导带班制度，深入生产现场，定期检查安全生产，及时发现和排除事故隐患。

（7）根据公司的危险源点，制定生产安全事故应急救援预案并定期组织演练。

（8）依法告知职工作业场所和作业岗位存在的危险危害因素、防范措施和事故应急措施，为职工提供符合国家标准或行业标准的劳动防护用品，并监督教育职工按照规定使用。

（9）依法参加工伤保险，为职工缴纳工伤保险费。

（10）自觉接受各级安全生产监督管理部门、监察机构的监督和监察，绝不弄虚作假。按要求上报生产安全事故，做好事故抢险救援，妥善处理对事故伤亡人员依法赔偿等事故的善后工作。

（11）如违反承诺，造成责任事故或情节严重的，按照安全生产奖惩制度及国家有关法律法规进行处罚并承担相应责任。

2. 职工的承诺内容

（1）认真贯彻执行"安全第一、预防为主、综合治理"的方针，严格遵守安全生产的法律、法规及公司的各项安全生产规章制度，严格执行本岗位安全操作规程。

（2）认真履行本岗位安全生产职责，做到"三不伤害"。即：不伤害自己、不伤害他人、不被他人伤害。

（3）不违章指挥，不违章作业，不违反劳动纪律，抵制违章指挥，纠正违章行为。

（4）按规定着装上岗，穿戴好劳动防护用品，严格遵守总公司的四项禁令。即：

进入工作现场不戴安全帽，高空作业不系安全带，起重物下站人或穿行，进入煤气区域不带煤气报警器。

（5）积极主动参加安全活动，接受安全生产教育培训和考核，特种作业持证上岗。会报警、会自救，会熟练使用灭火器等。

（6）积极参与查找身边的事故隐患，发现隐患及时上报并进行整改治理，积极主动地提出治理隐患的合理化建议，确保不发生任何人身和设备事故。

第五条 安全生产承诺制度的检查

1. 公司主要负责人是实施安全生产承诺签字的总负责任人，公司安环部是组织实施和考核安全生产承诺的责任部门。

2. 公司安环部要定期对承诺书的落实情况进行检查，督促安全生产承诺落到实处。

3. 在检查中发现问题，要及时提出落实整改要求，并对其责任人进行考核。

第六条 安全生产承诺书由公司安环部统一保存，保存期为承诺书的有效时间。

第七条 本制度由公司安环部负责解释。

第八条 本制度自发布之日起实行。

××公司安全生产承诺书

根据《国务院关于进一步加强企业安全生产工作的通知》（国发〔2010〕23号）和《国家安全监管总局关于进一步加强企业安全生产主体责任的指导意见》（安监总办〔2010〕139号）文件的要求，我作为公司的法定代表人和安全生产第一责任人，对本公司的安全生产工作负全面责任。本人保证：认真贯彻执行国家、北京市、总公司关于安全生产的法律、法规、规章制度和工作要求，积极落实安全生产主体责任，加强基础建设，提升公司安全生产本质水平，努力做好公司的安全生产工作，减少和杜绝生产安全事故，创造良好的安全生产环境。我郑重承诺：

1. 依法建立安全生产管理机构，配备符合法定人数的安全生产管理人员，保证安全生产管理机构发挥职能作用，安全生产管理人员履行安全生产管理职责，使安全生产管理做到标准化、规范化、制度化。

2. 认真贯彻"安全第一、预防为主、综合治理"的方针，牢固树立"安全发展""以人为本"的理念。抓好企业安全生产主体责任和公司主要负责人第一责任的落实。

3. 严格遵守国家安全生产的法律、法规及标准，建立健全公司安全生产责任制和各项规章制度、操作规程，并严格落实到位。

4. 确保安全投入资金按计划落实到位，不断完善和改进安全生产条件。

5. 依法对职工特别是新入厂职工进行安全生产教育和安全知识培训，做到按要求持证上岗。

6. 不违章指挥，不强令职工违章冒险作业。

7. 严格执行领导带班制度，深入生产现场，定期检查安全生产，及时发现和排除事故隐患。

8. 根据公司的危险源点，制定生产安全事故应急救援预案并定期组织演练。

9. 依法告知职工作业场所和作业岗位存在的危险危害因素、防范措施和事故应急措施，为职工提供符合国家标准或行业标准的劳动防护用品，并监督教育职工按照规定使用。

10. 依法参加工伤保险，为职工缴纳工伤保险费。

11. 自觉接受各级安全生产监督管理部门、监察机构的监督和监察，绝不弄虚作假。按要求上报生产安全事故，做好事故抢险救援，妥善处理对事故伤亡人员依法赔偿等事故的善后工作。

12. 履行法律、法规规定的其他安全生产职责。

13. 如违反承诺，造成责任事故或情节严重的，按照安全生产奖惩制度及国家有关法律、法规接受处罚并承担相应责任。

14. 本承诺自　　年　　月　　日至　　年　　月　　日有效。

承诺单位（盖章）：

法人代表签字：

年　　月　　日

××公司职工安全生产承诺书

部室、作业区名称：　　　　　　　　本岗位名称：

根据公司安全生产管理制度的要求，我作为公司的一名职工，对本岗位的安全生产职责必须认真贯彻执行，并保证不发生任何设备及人身伤害事故。我郑重承诺：

1. 认真贯彻执行"安全第一、预防为主、综合治理"的方针，严格遵守安全生产的法律、法规及公司的各项安全生产规章制度，严格执行本岗位安全操作规程。

2. 认真履行本岗位安全生产职责，做到"三不伤害"。即：不伤害自己、不伤害他人、不被他人伤害。

3. 不违章指挥，不违章作业，不违反劳动纪律，抵制违章指挥，纠正违章行为。

4. 按规定着装上岗，穿戴好劳动防护用品，严格遵守总公司的四项禁令。即：进入工作现场不戴安全帽，高空作业不系安全带，起重物下站人或穿行，进入煤气区域不带煤气报警器。

5. 积极主动参加安全活动，接受安全生产教育培训和考核，特种作业持证上岗。会报警，会自救，会熟练使用灭火器等。

6. 积极参与查找身边的事故隐患，发现隐患及时上报并进行整改治理，积极主动地提出治理隐患的合理化建议，确保不发生任何人身和设备事故。

7. 如违反承诺，造成责任事故或情节严重的，按照安全生产奖惩制度及国家有关法律、法规接受处罚并承担相应责任。

8. 本承诺自　　年　　月　　日至　　年　　月　　日有效。

承诺人签字：

年　　月　　日

第三节　安全生产党政同责、一岗双责管理制度编制要点

安全生产党政同责、一岗双责管理制度属于安全生产责任体系的重要组成部分，目的是进一步明确党政负责人安全生产职责、工作机制与奖惩制度。党中央、国务院一贯高度重视安全生产工作，党中央作出的"四个全面"战略布局，对安全生产工作提出了更高要求。习近平总书记多次主持中共中央政治局常委会研究安全生产工作，发表了一系列重要讲话，作出了一系列重要指示，特别强调：安全生产责任重于泰山，不仅政府要抓，党委也要抓。党委要管大事，发展是大事，安全生产也是大事。要抓紧建立健全"党政同责、一岗双责、齐抓共管"的安全生产责任体系。他在 2013 年 7 月 18 日召开的中共中央政治局第 28 次常委会上强调说："落实安全生产责任制，要落

实行业主管部门直接监管、安全监管部门综合监管、地方政府属地监管，坚持管行业必须管安全，管业务必须管安全，管生产必须管安全，而且要党政同责、一岗双责、齐抓共管。该担责任的时候不负责任，就会影响党和政府的威信。"

一、主要依据

《中共中央　国务院关于推进安全生产领域改革发展的意见》

二、主要要素

1. 安全生产党政同责、一岗双责管理制度主要是进一步明确党政领导的安全生产职责，但作为生产经营单位来说在明确党委、生产经营领导安全生产职责的同时，还应通过此制度对业务部门负责人的安全生产职责进行进一步明确，形成党委、生产经营领导共同负责，齐抓共管的工作格局。

2. 内容上要与安全生产责任制相结合，在安全生产职责上进行补充，特别是要重点明确生产经营单位党委、生产经营领导和业务部门负责人的安全生产管理工作机制、奖惩机制等方面内容，充分考虑可操作性，切实发挥作用。

三、法定要求

《中共中央　国务院关于推进安全生产领域改革发展的意见》（节选）

明确地方党委和政府领导责任。坚持党政同责、一岗双责、齐抓共管、失职追责，完善安全生产责任体系。地方各级党委和政府要始终把安全生产摆在重要位置，加强组织领导。党政主要负责人是本地区安全生产第一责任人，班子其他成员对分管范围内的安全生产工作负领导责任。地方各级安全生产委员会主任由政府主要负责人担任，成员由同级党委和政府及相关部门负责人组成。

地方各级党委要认真贯彻执行党的安全生产方针，在统揽本地区经济社会发展全局中同步推进安全生产工作，定期研究决定安全生产重大问题。加强安全生产监管机构领导班子、干部队伍建设。严格安全生产履职绩效考核和失职责任追究。强化安全生产宣传教育和舆论引导。发挥人大对安全生产工作的监督促进作用、政协对安全生产工作的民主监督作用。推动组织、宣传、政法、机构编制等单位支持保障安全生产工作。动员社会各界积极参与、支持、监督安全生产工作。

地方各级政府要把安全生产纳入经济社会发展总体规划，制定实施安全生产专项规划，健全安全投入保障制度。及时研究部署安全生产工作，严格落实属地监管责任。充分发挥安全生产委员会作用，实施安全生产责任目标管理。建立安全生产巡查制度，督促各部门和下级政府履职尽责。加强安全生产监管执法能力建设，推进安全科技创新，提升信息化管理水平。严格安全准入标准，指导管控安全风险，督促整治重大隐患，强化源头治理。加强应急管理，完善安全生产应急救援体系。依法依规开展事故调查处理，督促落实问题整改。

四、编写参考

××集团公司安全生产党政同责、一岗双责管理规定

第一条 为坚持"安全第一、预防为主、综合治理"的方针，进一步加强安全生产监督管理，建立健全"党政同责、一岗双责、齐抓共管"的安全生产责任体系，依据本市和集团有关要求，制定本规定。

第二条 本规定适用于集团各级党组织领导、生产经营领导及职能部门负责人。

第三条 本规定所称"党政同责"，是指集团各级党组织领导、生产经营领导及职能部门负责人将安全生产工作纳入工作重要内容，各级党组织主要负责人、生产经营主要负责人共同对本级安全生产工作负总责，其他业务分管领导、部门负责人对所领导业务范围的安全生产工作负领导责任。

本规定所称"一岗双责"，是指集团各级党组织领导、生产经营领导及职能部门负责人在做好业务范围内工作的同时，按照"谁主管、谁负责""管业务必须管安全""管生产经营必须管安全"和"分级负责、落实责任"的原则，抓好业务范围内的安全生产工作，履行相应的安全生产责任。

第四条 集团各级党组织领导对本级安全生产工作负领导责任，生产经营主要负责人对本级安全生产工作负管理责任，全面负责本级安全生产工作，必须担任本单位安委会主任（安全生产工作领导小组组长）。

各级分管安全生产工作的领导承担本级安全生产工作综合协调和监督指导的领导责任。

各级其他分管领导对分管业务的安全生产工作负直接领导责任，协助本级生产经

营主要负责人做好职责范围内的安全生产工作，配合分管安全生产工作的负责人抓好相关工作。

各级职能部门负责人对业务范围内的安全生产工作负直接管理责任，履行直接监管职责。

各级安全部门对本级安全生产工作实行综合监管。

第五条 集团各级党组织领导应当履行如下安全生产职责：

（1）认真贯彻执行安全生产法律、法规以及党中央、国务院、北京市关于加强安全生产工作的方针、政策和各项指示要求，结合实际提出具体落实意见。

（2）把安全生产工作纳入工作全局和重要议事日程，定期研究解决安全生产监管体制机制、重大政策措施、事故追责等重点工作。

（3）加强安全生产监管机构和队伍建设，健全安全生产监管体系，从机构设置、干部配备等方面加大建设力度。

（4）完善安全生产工作考核评价体系，加大安全生产工作在领导班子和领导干部年度考核、绩效考核、任职考察等专项考核体系中的分值权重，严格考核奖惩，强化激励约束作用。在对领导干部提拔任用工作上落实安全生产"一票否决"制度。

（5）加强组织领导和工作支持。支持各业务部门履行安全生产职责；监督各业务部门落实安全生产责任制和开展隐患排查治理工作；领导、督促党组织工作部门、工会、团委等系统开展安全生产相关活动。

（6）领导和督促相关部门积极做好安全生产宣传教育工作。大力宣传党和国家关于安全生产工作的方针、政策；宣传安全生产法律、法规；宣传安全生产工作中的先进典型；普及职工的安全生产知识。

（7）严肃查处安全生产工作中违法违纪行为，依法依纪追究相关党员干部的责任。

第六条 集团各级生产经营领导履行法律法规规定及集团安全生产责任制中规定的本岗位安全生产职责。

第七条 各级生产经营主要领导要定期主持召开安全生产例会，集团至少每季度，各单位至少每月召开一次安全生产例会，分析当前安全生产形势，研究部署安全生产工作，解决安全生产工作中存在的突出问题，督促安全生产重点工作落实。

第八条 对重大安全隐患和重大危险源，各单位党政一把手要亲自过问，亲自督办，采取有效措施抓好落实。

第九条　集团党委、集团生产经营领导至少每半年，各党总支（党支部）、各二级单位生产经营领导至少每季度深入基层开展一次安全生产专题调研，研究解决安全生产工作中重大问题，督促安全生产重点工作落实。

第十条　完善考核机制。各级党组织领导、生产经营领导及职能部门负责人要将履行安全生产"党政同责、一岗双责"的情况作为年度述职报告的一项重要内容；企业绩效考核和领导人员年度考核要将安全生产纳入考核内容，并将考核结果作为奖励兑现、评优评先和领导人员选拔任用的重要依据。

第十一条　贯彻落实"党政同责、一岗双责"要求，应当对未全面履行、不履行或者不当履行安全生产工作责任的党政负责人予以责任追究。

责任追究应当坚持实事求是、合法合规、权责一致、公平公正、惩教结合的原则。

第十二条　安全生产工作存在下列情形之一的，除追究相关人员责任外，还应追究该单位党政负责人、分管安全生产工作领导、相关业务分管领导、业务职能部门负责人的责任：

（1）发生集团界定的重大生产安全事故；

（2）针对政府部门开具的事故隐患整改通知书拒不整改或者整改不符合要求的；

（3）对已经发生的各类生产安全事故不立即组织事故抢险救援、瞒报、谎报、迟报，阻碍或干涉事故调查的；

（4）对生产安全事故处理不当造成严重后果的，或者对事故处理措施和责任追究不落实的；

（5）未建立安全生产目标考核奖惩机制，或未按照集团要求签订安全生产目标责任书的；

（6）其他需要启动责任追究的情形。

第十三条　对发生较大及以上生产安全事故的，按照事故调查情况追究相关责任单位和人员责任，并根据实际情况，追究集团相关业务部门负责人的责任和业务分管领导的责任。

第十四条　对符合本规定第十二条情形的党政负责人和分管安全生产工作领导，情节较轻的，给予责令做出书面检查、约谈；情节较重的，给予警告、记过的处罚；情节严重的，给予记大过、降薪、降职的处罚。

对符合本规定第十二条情形的业务分管领导，情节较轻的，给予通报批评、警告的处罚，并责令做出书面检查；情节较重的，给予记过、记大过的处罚；情节严重的，给予降薪、降职、撤职的处罚。

对符合本规定第十二条情形的职能部门负责人，情节较轻的，给予警告、记过的处罚；情节较重的，给予记大过、降薪的处罚；情节严重的，给予降职、撤职、留用察看、解除劳动合同的处罚。

对于需要追究纪律责任的责任人，依照有关规定给予党纪、政纪处分；涉嫌犯罪的，移交司法机关依法处理。

第十五条　对于违反本规定，未落实安全生产责任，同时有下列情形之一的，对责任人应当从重追究：

(1) 造成严重政治和社会影响的；

(2) 一年内发生 2 起及以上一般生产安全责任事故的；

(3) 较大及以上生产安全责任事故的；

(4) 因生产安全事故引发特大群体性事件的。

第十六条　安全生产工作责任的认定，依据安全生产责任制、岗位职责、业务分工、履职情况等因素合理确定相应责任。

第十七条　应当追究各二级单位党组织（党总支、党支部）领导、生产经营主要负责人和集团机关部门主要负责人的，依据事故调查处理建议，报请集团党委后，按照相关规定对相关责任人员进行处理；应当追究各二级单位党总支（党支部）部门、职能部门主要负责人和分厂（车间）负责人的，依据事故调查处理建议，报请本单位党组织后，按照相关规定对相关责任人员进行处理，并报集团相关部门备案。

第十八条　对责任认定、责任追究有异议的当事人可在收到处理决定文件 15 个工作日内向做出处理决定的机构提出书面申诉意见。收到申诉意见的机构应对申诉意见反映的事实、依据进行调查，并在 15 个工作日内向申诉人反馈处理结果或进展情况。申诉期间，不停止责任追究决定的执行。

第十九条　各相关业务系统分别负责落实对责任人员处理，并将执行资料、证明材料汇总至本级安委会（安全生产工作领导小组）办公室。

第二十条　集团安全生产委员会每年对机关职能部门、集团下属各党总支（党支部）、生产经营领导班子等落实"党政同责、一岗双责、齐抓共管"的情况进行检查。对于未按本规定落实的，进行通报批评并督促其整改落实。

第二十一条　本规定由集团负责解释。

第二十二条　本规定自发布之日起施行。此前有关规定与本规定不一致的，按本规定执行。

第四节　安全绩效考核管理制度编制要点

安全绩效考核管理制度是为了确保企业实现整体安全目标，同时客观、公正地评价各级管理者安全绩效和贡献，通过安全绩效反馈，加强安全绩效管理过程控制，强化各级管理者的安全管理责任。安全绩效考核管理制度可以是一项独立的制度，也可以是在多项制度中共同规定安全绩效考核。

一、主要依据

- 《中华人民共和国安全生产法》
- 《中共中央　国务院关于推进安全生产领域改革发展的意见》
- 《国务院关于坚持科学发展安全发展　促进安全生产形势持续稳定好转的意见》

二、主要要素

1. 明确安全绩效组成部分。一般来说，安全绩效可分为以结果为导向的目标绩效和关注动态的过程绩效两部分，建议在编写制度时这两部分应该都考虑进去。在权重设计上建议目标绩效高于过程绩效。建议生产经营单位还可以增加安全一票否决的相关要求。

2. 建立考核指标体系。考核指标体系是整个制度的核心，应该由生产经营单位安全生产管理部门和业务部门共同参与制定，既要包括安全生产制度制定、会议召开、教育培训等安全管理方面的内容，也要包括现场安全规范、安全标准等技术方面的内容。

3. 规范考核程序。目标绩效可年度考核，过程绩效各生产经营单位可结合实际来确定考核周期。重要的是要在制度编写时规定好考核由谁组织、指标由谁承担、结果对应的奖惩等方面的内容。

三、法定要求

1. 《中共中央　国务院关于推进安全生产领域改革发展的意见》（节选）

健全责任考核机制。建立与全面建成小康社会相适应和体现安全发展水平的考核评价体系。完善考核制度，统筹整合、科学设定安全生产考核指标，加大安全生产在社会治安综合治理、精神文明建设等考核中的权重。各级政府要对同级安全生产委员会成员单位和下级政府实施严格的安全生产工作责任考核，实行过程考核与结果考核相结合。各地区各单位要建立安全生产绩效与履职评定、职务晋升、奖励惩处挂钩制度，严格落实安全生产"一票否决"制度。

2. 《国务院关于坚持科学发展安全发展　促进安全生产形势持续稳定好转的意见》（节选）

要加强安全生产绩效考核。把安全生产考核控制指标纳入经济社会发展考核评价指标体系，加大各级领导干部政绩业绩考核中安全生产的权重和考核力度。把安全生产工作纳入社会主义精神文明和党风廉政建设、社会管理综合治理体系之中。制定完善安全生产奖惩制度，对成效显著的单位和个人要以适当形式予以表扬和奖励，对违法违规、失职渎职的，依法严格追究责任。

四、编写参考

××公司安全绩效考核管理规定

1　目的

为了确保公司实现整体安全目标，充分发挥安全绩效激励作用，通过安全绩效反馈，加强安全绩效管理过程控制，强化各级管理者的安全管理责任，使公司得到可持续性发展，全面完成公司安全生产经营任务，特制定本规定。

2　适用范围

公司下属各部门、车间的安全绩效考核适用此规定。

3　基本目标

3.1　通过安全绩效管理系统实施安全目标管理，保证公司全年安全目标的实现，提高公司在市场中的整体运作能力与核心竞争力。

3.2 通过安全绩效管理帮助各单位提高安全工作绩效，为以后提高员工胜任力打下基础，建立适应企业发展战略的人力资源队伍。

3.3 在安全绩效管理过程中，促进考核与被考核之间的沟通与交流，形成开放、积极参与、主动沟通的企业文化，增强企业的凝聚力。

4 基本原则

4.1 公开性原则：安全绩效考核指标的制定要坚持公开、公正的原则，考核者与被考核者要就指标、目标的确定、考核的程序等进行充分的沟通并达到一致，使安全绩效管理考核有透明度。

4.2 客观性原则：安全绩效管理要做到以事实为依据，对被考核单位的任何评价都应有事实根据，避免主观臆断和个人感情色彩。

4.3 开放沟通原则：在整个安全绩效管理过程中，考核与被考核单位要开诚布公地进行沟通与交流，考核评估结果要及时反馈给被考核评估单位，肯定成绩，指出不足，并提出今后应努力和改进的方向，发现问题或多或少有不同意见，应及时进行沟通。

4.4 常规性原则：安全绩效管理是各级管理者的日常工作职责，对被考核单位作出正确的考核评估是考核单位领导重要的管理工作内容，安全绩效管理工作必须成为常规性的管理工作。

4.5 发展性原则：安全绩效管理通过约束与竞争促进团队的发展，考核单位与被考核单位均要以提高安全绩效为首要目标，任何利用安全绩效管理进行打击、压制、报复他人和小团体主义的做法都应受到制度的惩罚。

5 组织机构

安全绩效考核领导小组：

组长：×××

副组长：×××

成员：×××，×××，……

安全绩效考核工作小组：

组长：×××

副组长：×××

成员：×××，×××，……

6 安全考核评估时间和频率

公司各部门、车间安全绩效考核频率为每周进行一次，一个月为一个周期，月末进行汇总得分。

7 评分标准

车间、部门的考核标准见各车间、部门安全绩效考核表，车间、部门员工的考核标准由各车间、部门自己制定。

8 安全绩效考核方式

8.1 部门、车间考核

8.1.1 安全绩效考核实行考核与被考核自查相结合，以双方沟通达到一致的结果。

8.1.2 安全绩效考核工作小组负责全公司的安全绩效考核工作，包括组织、实施、调整和监控，以及制度的解释和协调处理有关考核评估投诉，安全绩效考核领导小组负责仲裁。

8.1.3 每月 5 日前对各部门、车间的考核结果经公司领导审核后，安全环保部负责通报。

8.1.4 安全绩效考核工作小组每季度至少召开一次会议，总结安全绩效考核成绩和情况，分析讨论考核指标的修改、完善、改进、提高。

8.1.5 考核人员有责任指导、帮助、激励被考核单位，被考核单位只有通过不断努力，才能得到较高的安全绩效得分。被考核单位有权了解本单位的安全绩效考核结果，有权依照规定的程序对不公正的安全绩效管理进行申诉。

9 绩效考核结果的应用

安全绩效考核结果主要应用于以下几个方面：

（1）作为安全绩效改进与提高的主要依据。

（2）作为月奖金发放和安全生产先进单位流动红旗的发放依据。根据各车间绩效考核得分结果，每月排出名次，第一名奖励 1 000 元并发放安全生产先进单位流动红旗。

（3）作为年终评比先进的依据。

（4）作为年终奖以及各种奖励的依据。根据各车间每月安全绩效考核得分，年终评选出安全生产管理先进单位两名，第一名奖励 5 000 元，第二名奖励 2 000 元。

注：奖金必须用于奖励安全生产先进班组、安全生产先进个人或组织安全生产活

动费用，不得另作他用，违者除将奖金全额收回外再给予罚款处理。

10 其他说明

10.1 本规定的未尽事宜及相关实施细则，由公司安全环保部与其他部门共同补充。

10.2 本规定的最终决定、修改和废除属公司安全绩效考核领导小组。

10.3 本规定的最终解释权归公司安全环保部。

10.4 本规定的实施时间为发布之日至下一次修订为止。

10.5 具体考核指标见附录。

附录：安全绩效考核指标

一、车间全月安全生产获得基础分100分，依照以下指标进行划分：

安全基础管理考核	安全教育管理考核	生产安全管理考核	生产现场管理考核	安全事故管理考核
100分（10%权重）	100分（10%权重）	100分（30%权重）	100分（30%权重）	100分（20%权重）

二、车间得分为：安全基础管理考核得分×10％＋安全教育管理考核得分×10％＋生产安全管理考核得分×30％＋生产现场管理考核得分×30％＋安全事故管理考核得分×20％。安全管理部门依照"安全绩效考核表"中规定的考核指标和扣分方式进行考核扣分（具体见"安全绩效考核表"）。单位考核实得分为该月该单位安全绩效考核成绩。

安全绩效考核表（　　年　　月　　日）　　　　单位：　　　　车间人数：

序号	安全基础管理考核项目（100分）	指标分	考核方式	考核指标	考核扣分方式
1	车间、班组是否组织安全学习	5	查记录	1次/月	未进行扣5分，并对车间负责人罚款20元
2	车间、班组是否召开安全生产例会	10	查记录	1次/周	每缺一次扣3分，并对车间负责人罚款20元
3	班前、班后会是否按要求召开	10	查记录	每班次	每缺一次扣2分，并对车间负责人罚款20元
4	交接班记录是否有安全内容	5	查记录	无漏项	每漏一项扣2分，并对班长及车间负责人分别罚款20元
5	是否将安全责任制分解到每个员工	5	查档案	100%	每漏一人扣1分，不分解扣5分，并对车间负责人罚款20元
6	各类设备维修是否有记录	5	查记录	无漏项	每漏一项扣2分，并对相关责任人罚款20元

序号	安全基础管理考核项目（100分）	指标分	考核方式	考核指标	考核扣分方式
7	车间各岗位安全职责是否明确	5	查档案	100%	每漏一岗扣2分，并对车间负责人罚款20元
8	车间是否有安全绩效考核标准并评选先进班组、先进个人	10	查记录	完成	未进行扣10分，并对车间负责人罚款50元
9	重大危险源是否有监控检查记录	10	查记录	9次/天	每缺一次扣2分，并对责任者罚款20元
10	车间是否制定应急处置措施	10	查档案	健全	无措施扣10分，并对车间负责人罚款50元
11	车间是否制定奖惩制度	5	查档案	健全	无制度扣5分，并对车间负责人罚款20元
12	车间是否建立安全自查台账	5	查台账	完整	每缺一项扣2分，并对车间负责人罚款20元
13	车间是否有安全会议传达记录	10	查记录	完整	每缺一次扣2分，并对车间负责人罚款20元
14	是否建立并运行职业健康安全卫生管理体系	5	查档案查记录	无漏项	每缺一项扣2分，并对车间负责人罚款20元
序号	安全教育管理考核项目（100分）	指标分	考核方式	考核指标	考核扣分方式
1	是否制订三级安全教育培训计划	5	查档案	有计划	无计划扣5分，并对车间负责人罚款20元
2	三级安全教育培训是否按计划执行	10	查记录	100%	未完成一项扣3分，并对车间负责人罚款20元
3	是否建立安全教育台账	5	查台账	完整	每缺一项扣2分，并对车间负责人罚款20元
4	是否进行安全知识考试	5	查试卷查记录	完成	每漏一人扣2分，并对车间负责人罚款20元
5	特种作业人员是否持证上岗	5	查现场	100%	违反规定每一人扣2分，并对车间负责人罚款20元
6	员工是否持安全作业证上岗	5	查现场	100%	违反规定每一人扣2分，并对车间负责人罚款20元
7	是否有安全教育培训资料	5	查培训资料	齐全	每缺一类扣2分，并对车间负责人罚款20元
8	对新入厂人员是否进行三级安全教育	5	查台账查记录	100%	每漏一人次扣2分，并对车间负责人罚款20元
9	对转岗人员是否进行三级安全教育，并办理转岗手续	5	查试卷查台账	100%	每漏一人次扣1分，并对车间负责人罚款20元
10	车间、班组是否有安全活动计划	5	查档案	有计划	无计划扣5分，并对车间负责人罚款20元

序号	安全教育管理考核项目（100分）	指标分	考核方式	考核指标	考核扣分方式
11	车间、班组安全活动是否有参加人员签名	5	查记录	100%	每缺一人次扣2分，并对车间负责人罚款20元
12	车间、班组是否有安全活动记录	5	查记录	健全	每缺一次扣2分，并对车间负责人罚款20元
13	对外来实习人员是否进行三级安全教育	5	查试卷查台账	100%	每漏一人次扣1分，并对车间负责人罚款20元
14	是否对车间内部各类应急预案进行全员培训	5	查记录查签名	100%	每漏一人次扣2分，并对车间负责人罚款20元
15	配备的各类应急器材是否全部人员会用	5	查现场	100%	一人次不会用扣2分，并对车间负责人罚款20元
16	车间负责人是否定期参加班组安全活动	5	查记录查签名	100%	无理由每缺一次扣2分，并对车间负责人罚款20元
17	全体员工是否了解本单位危险源种类、危险品的特性，掌握应急处置方法	15	查记录查签名	100%	一人次不了解扣5分，并对车间负责人罚款20元
序号	生产安全管理考核项目（100分）	指标分	考核方式	考核指标	考核扣分方式
1	车间是否进行安全大检查	5	查记录	1次/周	每缺一次扣2分，并对车间负责人罚款20元
2	安全检查记录是否齐全	3	查记录	齐全	每缺一次扣1分，并对车间负责人罚款20元
3	特种设备是否建全台账	3	查台账	100%	每缺一项扣2分，并对车间负责人罚款20元
4	压力容器是否有检查记录	4	查检查记录	100%	每缺一项扣2分，并对车间负责人罚款20元
5	是否有巡回检查记录，记录是否齐全	3	查记录	100%	每缺一项扣2分，并分别对车间负责人及责任人罚款20元
6	是否按时进行巡回检查	3	查记录	100%	一次不按时扣2分，并分别对车间负责人及责任人罚款20元
7	巡检记录是否有检查人员签名	3	查记录	100%	每缺一次扣2分，并分别对车间负责人及责任人罚款20元
8	是否建立设备维修台账并记录	3	查台账	100%	每缺一项次扣2分，并分别对车间负责人及责任人罚款20元
9	是否按要求对应急预案进行演练	3	查现场查记录	2次/年	每缺少一次扣2分，并对车间负责人罚款20元
10	各项工作开始前是否按要求办理安全作业票	6	查票证存根	100%	每缺一项（次）扣2分，并分别对车间负责人及责任人罚款100元

序号	生产安全管理考核项目（100分）	指标分	考核方式	考核指标	考核扣分方式
11	办理作业票是否按要求严格履行手续	6	查票证存根	100%	每缺一项（次）扣2分，并分别对车间负责人与责任人罚款100元
12	作业现场施工是否有安全监护人	6	查现场	必须到位	现场无监护人扣3分，并分别对车间负责人与责任人罚款50元
13	各工种是否制定安全技术操作规程	4	查档案	100%	每缺一项扣2分，并对车间负责人罚款20元
14	设备抢维修时是否提前制定安全技术措施	5	查档案	100%	每缺一次扣2分，并分别对车间负责人及责任人罚款20元
15	抢维修前是否对作业现场进行风险分析	5	查档案	100%	每缺一次扣2分，并分别对车间负责人及责任人罚款20元
16	重点监控部位是否制定监控措施	5	查档案	100%	每缺一项扣2分，并对车间负责人罚款20元
17	运行中的设备是否存在安全隐患	5	查现场	无	发现一项扣2分，并分别对车间负责人及责任人罚款20元
18	对发现的隐患是否全部整改	8	查记录查现场	100%	一项未整改扣3分，并分别对车间负责人及责任人罚款20元
19	对暂时不能整改的隐患是否制定监控措施	6	查档案	100%	无监控措施每一项扣3分，并分别对车间负责人及责任人罚款20元
20	隐患是否按期整改，并返回整改通知书	4	查档案	100%	每缺一项扣1分，并分别对车间负责人及责任人罚款20元
21	是否有各类安全作业票存根档案	4	查档案	100%	每缺一项次2分，并分别对车间负责人及责任人罚款20元
22	车间是否存在"三违"现象	6	查现场	无	每发现一人次扣3分，并分别对车间负责人及责任人罚款100元
序号	生产现场管理考核项目（100分）	指标分	考核方式	考核指标	考核扣分方式
1	现场人员是否按要求穿工作服	3	查现场	100%	一人次不合格扣1分，并分别对车间负责人及责任人罚款30元
2	现场人员是否按要求佩戴劳动防护用品	3	查现场	100%	一人次不合格扣1分，并分别对车间负责人及责任人罚款20元
3	现场是否有人穿高跟鞋	3	查现场	无	发现一人次扣1分，并分别对车间负责人及责任人罚款30元
4	生产现场的安全设施是否有专人管理	2	查记录查现场	必须有	每缺一项扣1分，并对车间负责人罚款30元
5	交接班是否对安全设施进行交接	3	查记录查现场	100%	每缺一项扣1分，并分别对车间负责人及责任人罚款30元

续表

序号	生产现场管理考核项目（100分）	指标分	考核方式	考核指标	考核扣分方式
6	安全消防设备是否按规定摆放	2	查现场	100%	每项不合格扣1分，并分别对车间负责人及责任人罚款20元
7	装置各项温度指标是否在控制范围内	3	查记录查现场	100%	超范围每项扣3分，并分别对车间负责人及责任人罚款30元
8	装置各项压力指标是否在控制范围内	3	查记录查现场	100%	超范围每项扣3分，并分别对车间负责人及责任人罚款30元
9	生产区内是否实行戒烟	3	查记录查现场	100%	不执行扣3分，并分别对车间负责人及责任人罚款200元
10	生产区域内是否有吸烟现象	5	查现场	无	发现即扣5分，并分别对车间负责人及责任人罚款200元
11	生产区域内是否发现有烟头	5	查现场	无	发现即扣5分，并分别对车间负责人及责任人罚款200元
12	现场安全标志是否齐全，环境卫生是否清洁	2	查记录查现场	100%	一项不符合扣1分，并对车间负责人罚款100元
13	转动设备是否有防护装置	3	查现场	100%	一台次不符合扣1分，并分别对车间负责人及责任人罚款50元
14	转动设备防护罩是否固定	3	查现场	100%	一台次不符合扣1分，并分别对车间负责人及责任人罚款50元
15	工作时是否出现女工长发未盘入工作帽内现象	3	查现场	100%	发现即扣3分，并分别对车间负责人及责任人罚款50元
16	现场消防器材是否经常进行保养、卫生清洁	2	查记录查现场	100%	一项不符合扣1分，并分别对车间负责人及责任人罚款20元
17	生产区内所设的塔、壕、池等是否有护栏盖板	2	查现场	100%	一项不符合扣1分，并分别对车间负责人及责任人罚款50元
18	雨、雪后现场路面、平台、罐、爬梯积水、积雪是否及时清理	2	查现场	100%	一项不符合扣1分，并分别对车间负责人及责任人罚款50元
19	各项纪录是否规范，不乱写乱画	3	查记录查现场	100%	一项不符合扣1分，并分别对车间负责人及责任人罚款50元
20	各项操作是否按时进行记录	3	查现场	100%	一次不符合扣1分，并分别对车间负责人及责任人罚款50元
21	各类操作参数记录是否真实有效	3	查现场	100%	发现一次虚假扣1分，并分别对车间负责人及责任人罚款20元
22	工作现场是否有人带入未成年儿童	2	查现场	无	发现一次扣2分，并分别对车间负责人及责任人罚款50元
23	工作时间是否有人嬉笑、打闹，干与工作无关的事	3	随时抽查	无	发现一次扣1分，并分别对车间负责人及责任人罚款50元

序号	生产现场安全管理考核项目（100分）	指标分	考核方式	考核指标	考核扣分方式
24	是否有人酒后上岗、岗上饮酒	3	查现场	无	发现一次扣1分，并分别对车间负责人及责任人罚款100元
25	未经许可在防火防爆区内是否有人使用有火花产生的设施	2	查现场	无	发现一次扣1分，并分别对车间负责人及责任人罚款50元
26	防火防爆区内是否按规定使用防爆工具	2	查现场	100%	发现一次不使用扣2分，并分别对车间负责人及责任人罚款50元
27	在岗工人是否有违纪现象发生	3	查记录 查现场	无	发现一人次扣3分，并分别对车间负责人及责任人罚款100元
28	应急防护用品是否按要求存放，并进行保养	3	查记录 查现场	完备	一项不合格扣1分，并分别对车间负责人及责任人罚款50元
29	现场安全卫生条件是否符合清洁文明生产要求	3	查现场	100%	不符合扣3分，并分别对车间负责人及责任人罚款100元
30	压力容器安全附件是否灵敏有效	2	查记录 查现场	完备	一项不符合扣2分，并分别对车间负责人及责任人罚款50元
31	设备上安装的安全阀是否起作用	2	查现场	100%	一项不符合扣2分，并分别对车间负责人及责任人罚款50元
32	高处易坠落物料必须清理，是否有漏件	2	查现场	无漏件	发现一件次扣1分，并分别对车间负责人及责任人罚款50元
33	各类设备、储罐低点排空是否进行防冻凝处理	2	查记录 查现场	100%	一项不符合扣2分，并分别对车间负责人及责任人罚款50元
34	车间所属宿舍安全卫生是否达标	3	查现场	100%	一间宿舍不符合扣1分，并分别对车间负责人及责任人罚款20元
35	高温、高压部位是否有渗漏现象	3	查记录 查现场	无渗漏	一处不符合扣1分，并分别对车间负责人及责任人罚款50元
36	高空作业是否未按要求穿戴劳动防护用品	2	查现场	100%	一人次不符合扣2分，并分别对车间负责人及责任人罚款50元
37	现场操作人员会使用应急设备	2	查现场	100%	一人次不会扣2分，并分别对车间负责人及责任人罚款50元
序号	安全事故管理考核项目（100分）	指标分	考核方式	考核指标	考核扣分方式
1	是否建立健全各类事故管理台账	5	查档案	100%	每缺一项扣2分，并对车间负责人罚款50元
2	车间是否发生过人身伤亡事故	5	查档案	无	发生一次扣5分，并依据责任追究制度处罚
3	车间是否发生过安全生产责任事故	5	查档案 记录	无	发生一次扣5分，并依据责任追究制度处罚

续表

序号	安全事故管理考核项目（100分）	指标分	考核方式	考核指标	考核扣分方式
4	车间是否发生过一般伤害事故	5	查档案记录	无	发生一次扣5分，并依据责任追究制度处罚
5	车间是否发生过中毒事故	5	查档案记录	无	发生一次扣5分，并依据责任追究制度处罚
6	车间是否发生过火灾事故	5	查档案记录	无	发生一次扣5分，并依据责任追究制度处罚
7	车间是否发生过爆炸事故	5	查档案记录	无	发生一次扣5分，并依据责任追究制度处罚
8	车间是否发生过泄漏事故	5	查档案记录	无	发生一次扣5分，并依据责任追究制度处罚
9	车间是否发生过污染事故	5	查档案记录	无	发生一次扣5分，并依据责任追究制度处罚
10	车间是否发生过人身触电事故	5	查档案记录	无	发生一次扣5分，并依据责任追究制度处罚
11	车间是否发生人身坠落事故	5	查档案记录	无	发生一次扣5分，并依据责任追究制度处罚
12	车间是否发生过设备损坏事故	5	查档案记录	无	发生一次扣5分，并依据责任追究制度处罚
13	车间是否发生过未遂操作事故	5	查档案记录	无	发生一次扣5分，并分别对车间负责人及责任人罚款100元
14	事故发生后是否及时上报	10	查档案记录	及时	发生一次不及时扣10分，并对车间负责人罚款100元
15	事故发生后是否按"四不放过"原则进行处理	5	查档案记录	100%	一次不符合扣5分，并对车间负责人罚款50元
16	以往事故发生处理后，对责任人和员工是否进行教育	5	查档案记录	100%	一次不符合扣5分，并对车间负责人罚款100元
17	车间是否存在设备事故隐患	5	查现场	无	发现一台次扣5分，并对车间负责人及责任人分别罚款100元
18	车间是否建立事故隐患台账	5	查档案记录	100%	未建立扣5分，项目不全扣2分，并对车间负责人罚款50元
19	车间是否建立未遂事故台账	5	查档案记录	100%	未建立扣5分，项目不全扣2分，并对车间负责人罚款50元
20	当月/年发生死亡事故的取消本单位全年评优资格				按权重系数年度内一票否决

对以下情况给予 50~2 000 元奖励：

1. 及时发现、报告事故隐患，隐患得到及时控制，避免事故发生的；

2. 在事故处理过程中表现英勇果敢，避免事故进一步恶化或在救人、救物及处理事故过程中表现突出的；

3. 对安全工作提出合理化建议，得到实施并取得明显效果的。

第三章　基础制度编制要点

第一节　生产安全事故隐患排查治理管理制度编制要点

　　隐患排查治理作为安全生产日常管理最重要的工作之一，是事故预防的重要手段，生产安全事故隐患排查治理管理制度主要是从制度层面对隐患排查、整改、复查等工作机制进行规范。

一、主要依据

- 《中华人民共和国安全生产法》
- 《国务院关于进一步加强企业安全生产工作的通知》
- 《中共中央　国务院关于推进安全生产领域改革发展的意见》
- 《安全生产事故隐患排查治理暂行规定》

二、主要要素

　　1. 明确隐患排查治理职责。重点要对主要负责人、业务部室和安全生产管理部门的隐患排查治理职责进行明确，同时应对全员开展隐患排查进行规定。生产经营单位的主要负责人对本单位事故隐患排查治理工作全面负责，履行下列职责：

　　（1）组织制定本单位事故隐患排查治理制度；

　　（2）督促、检查本单位事故隐患排查治理工作，及时消除事故隐患；

（3）保证事故隐患排查治理投入的有效实施。

生产经营单位的安全生产管理机构以及安全生产管理人员履行下列职责：

（1）参与拟定本单位事故隐患排查治理制度；

（2）按照本单位事故隐患排查治理制度，检查本单位的安全生产状况，及时排查事故隐患，提出改进安全生产管理的建议；

（3）制止和纠正违章指挥、强令冒险作业、违反操作规程的行为；

（4）督促落实本单位事故隐患排查治理整改措施。

从业人员发现事故隐患或者其他不安全因素，应当立即向现场安全生产管理人员或者本单位负责人报告；接到报告的人员应当及时予以处理。

2. 规定隐患上报、整改、复查各环节具体要求。在制度编写过程中，要重点放在对隐患上报、整改、复查各环节的设计上，各生产经营单位应结合实际，确保制度可操作，应包括以下内容：上报环节要明确由谁报，谁必须定期排查上报，向谁报等内容；整改环节要明确由谁改，一般整改期限，整改期间的防范措施等；复查环节要明确由谁复查，复查合格条件等。同时要避免整改人与复查人为同一人的现象。对大型生产经营单位，基于隐患的复杂性，建议制定隐患分级标准，依据分级标准来设计隐患上报、整改、复查各环节，提高整改效果。

3. 规定相关方隐患排查要求。在制度编写过程中要明确各方对事故隐患排查、治理和防控的管理要求。各单位（部门）对承包、承租单位的事故隐患排查治理负有统一协调和监督管理的职责。

三、法定要求

1.《中华人民共和国安全生产法》（节选）

第三十八条　生产经营单位应当建立健全生产安全事故隐患排查治理制度，采取技术、管理措施，及时发现并消除事故隐患。事故隐患排查治理情况应当如实记录，并向从业人员通报。

县级以上地方各级人民政府负有安全生产监督管理职责的部门应当建立健全重大事故隐患治理督办制度，督促生产经营单位消除重大事故隐患。

第四十三条　生产经营单位的安全生产管理人员应当根据本单位的生产经营特点，对安全生产状况进行经常性检查；对检查中发现的安全问题，应当立即处理；不能处理的，应当及时报告本单位有关负责人，有关负责人应当及时处理。检查及处理情况应当如实记录在案。

生产经营单位的安全生产管理人员在检查中发现重大事故隐患，依照前款规定向本单位有关负责人报告，有关负责人不及时处理的，安全生产管理人员可以向主管的负有安全生产监督管理职责的部门报告，接到报告的部门应当依法及时处理。

第五十六条　从业人员发现事故隐患或者其他不安全因素，应当立即向现场安全生产管理人员或者本单位负责人报告；接到报告的人员应当及时予以处理。

第七十一条　任何单位或者个人对事故隐患或者安全生产违法行为，均有权向负有安全生产监督管理职责的部门报告或者举报。

2.《国务院关于进一步加强企业安全生产工作的通知》（节选）

企业要经常性开展安全隐患排查，并切实做到整改措施、责任、资金、时限和预案"五到位"。建立以安全生产专业人员为主导的隐患整改效果评价制度，确保整改到位。对隐患整改不力造成事故的，要依法追究企业和企业相关负责人的责任。对停产整改逾期未完成的不得复产。

3.《中共中央　国务院关于推进安全生产领域改革发展的意见》（节选）

制定生产安全事故隐患分级和排查治理标准。负有安全生产监督管理职责的部门要建立与企业隐患排查治理系统联网的信息平台，完善线上线下配套监管制度。强化隐患排查治理监督执法，对重大隐患整改不到位的企业依法采取停产停业、停止施工、停止供电和查封扣押等强制措施，按规定给予上限经济处罚，对构成犯罪的要移交司法机关依法追究刑事责任。严格重大隐患挂牌督办制度，对整改和督办不力的纳入政府核查问责范围，实行约谈告诫、公开曝光，情节严重的依法依规追究相关人员责任。

4.《安全生产事故隐患排查治理暂行规定》（节选）

第三条　本规定所称安全生产事故隐患（以下简称事故隐患），是指生产经营单位违反安全生产法律、法规、规章、标准、规程和安全生产管理制度的规定，或者因其他因素在生产经营活动中存在可能导致事故发生的物的危险状态、人的不安全行为和管理上的缺陷。

事故隐患分为一般事故隐患和重大事故隐患。一般事故隐患，是指危害和整改难度较小，发现后能够立即整改排除的隐患。重大事故隐患，是指危害和整改难度较大，应当全部或者局部停产停业，并经过一定时间整改治理方能排除的隐患，或者因外部因素影响致使生产经营单位自身难以排除的隐患。

第四条　生产经营单位应当建立健全事故隐患排查治理制度。

生产经营单位主要负责人对本单位事故隐患排查治理工作全面负责。

第七条　生产经营单位应当依照法律、法规、规章、标准和规程的要求从事生产经营活动。严禁非法从事生产经营活动。

第八条　生产经营单位是事故隐患排查、治理和防控的责任主体。

生产经营单位应当建立健全事故隐患排查治理和建档监控等制度，逐级建立并落实从主要负责人到每个从业人员的隐患排查治理和监控责任制。

第九条　生产经营单位应当保证事故隐患排查治理所需的资金，建立资金使用专项制度。

第十条　生产经营单位应当定期组织安全生产管理人员、工程技术人员和其他相关人员排查本单位的事故隐患。对排查出的事故隐患，应当按照事故隐患的等级进行登记，建立事故隐患信息档案，并按照职责分工实施监控治理。

第十一条　生产经营单位应当建立事故隐患报告和举报奖励制度，鼓励、发动职工发现和排除事故隐患，鼓励社会公众举报。对发现、排除和举报事故隐患的有功人员，应当给予物质奖励和表彰。

第十二条　生产经营单位将生产经营项目、场所、设备发包、出租的，应当与承包、承租单位签订安全生产管理协议，并在协议中明确各方对事故隐患排查、治理和防控的管理职责。生产经营单位对承包、承租单位的事故隐患排查治理负有统一协调和监督管理的职责。

第十三条　安全监管监察部门和有关部门的监督检查人员依法履行事故隐患监督检查职责时，生产经营单位应当积极配合，不得拒绝和阻挠。

第十四条　生产经营单位应当每季、每年对本单位事故隐患排查治理情况进行统计分析，并分别于下一季度15日前和下一年1月31日前向安全监管监察部门和有关部门报送书面统计分析表。统计分析表应当由生产经营单位主要负责人签字。

对于重大事故隐患，生产经营单位除依照前款规定报送外，应当及时向安全监管监察部门和有关部门报告。重大事故隐患报告内容应当包括：

（一）隐患的现状及其产生原因；

（二）隐患的危害程度和整改难易程度分析；

（三）隐患的治理方案。

第十五条　对于一般事故隐患，由生产经营单位（车间、分厂、区队等）负责人或者有关人员立即组织整改。

对于重大事故隐患，由生产经营单位主要负责人组织制定并实施事故隐患治理方案。重大事故隐患治理方案应当包括以下内容：

（一）治理的目标和任务；

（二）采取的方法和措施；

（三）经费和物资的落实；

（四）负责治理的机构和人员；

（五）治理的时限和要求；

（六）安全措施和应急预案。

第十六条　生产经营单位在事故隐患治理过程中，应当采取相应的安全防范措施，防止事故发生。事故隐患排除前或者排除过程中无法保证安全的，应当从危险区域内撤出作业人员，并疏散可能危及的其他人员，设置警戒标志，暂时停产停业或者停止使用；对暂时难以停产或者停止使用的相关生产储存装置、设施、设备，应当加强维护和保养，防止事故发生。

第十七条　生产经营单位应当加强对自然灾害的预防。对于因自然灾害可能导致事故灾难的隐患，应当按照有关法律、法规、标准和本规定的要求排查治理，采取可靠的预防措施，制定应急预案。在接到有关自然灾害预报时，应当及时向下属单位发出预警通知；发生自然灾害可能危及生产经营单位和人员安全的情况时，应当采取撤离人员、停止作业、加强监测等安全措施，并及时向当地人民政府及其有关部门报告。

第十八条　地方人民政府或者安全监管监察部门及有关部门挂牌督办并责令全部或者局部停产停业治理的重大事故隐患，治理工作结束后，有条件的生产经营单位应当组织本单位的技术人员和专家对重大事故隐患的治理情况进行评估；其他生产经营单位应当委托具备相应资质的安全评价机构对重大事故隐患的治理情况进行评估。

经治理后符合安全生产条件的，生产经营单位应当向安全监管监察部门和有关部门提出恢复生产的书面申请，经安全监管监察部门和有关部门审查同意后，方可恢复生产经营。申请报告应当包括治理方案的内容、项目和安全评价机构出具的评价报告等。

四、编写参考

××集团公司生产安全事故隐患排查治理管理规定

第一章 总 则

第一条 为规范生产安全事故隐患排查治理工作，强化安全生产主体责任，加强事故隐患监督管理，预防和减少生产安全事故，根据《中华人民共和国安全生产法》等有关法律法规，结合集团实际情况，制定本规定。

第二条 集团各单位生产安全事故隐患排查治理和集团相关部门实施监督检查，适用本规定。

第三条 本规定所称生产安全事故隐患（以下简称事故隐患），是指生产经营单位在生产经营活动中存在的可能导致生产安全事故发生的物的危险状态、人的不安全行为和管理上的缺陷。

第四条 根据危害程度、整改难度及后果程度把事故隐患分为一般事故隐患和重大事故隐患。一般事故隐患，是指发现后能够立即整改排除的隐患，集团按照一级、二级、三级分级进行管理。重大事故隐患，是指危害和整改难度大，需全部或者局部停产停业，并经过一定时间整改治理方能排除的隐患，或者因外部因素影响致使自身难以排除的隐患，判定标准按照国家有关规定执行。

第五条 各单位应当遵守法律、法规、规章和本规定有关事故隐患排查治理的要求，采取技术和管理措施，及时发现并消除事故隐患，承担事故隐患排查治理的主体责任。

第六条 对发现的事故隐患，各单位应当立即消除；无法立即消除的，应当按照事故隐患危害程度、影响范围、整改难度，制定治理方案，落实治理措施，消除事故隐患。

第七条 各单位应当建立健全事故隐患排查治理制度，逐级建立并落实从主要负责人到每个从业人员的隐患排查治理责任制。制定本单位事故隐患排查清单，细化和明确各工作岗位和作业场所事故隐患排查的具体内容、周期、责任人员等事项，并予以落实。

第八条 各单位主要负责人对本单位事故隐患排查治理工作全面负责，履行法律法规及集团安全生产责任制中规定隐患排查治理工作职责。

第九条　集团安全部对隐患排查工作综合监管，各相关部门在各自职责范围内对排查治理事故隐患工作实施监督管理，履行法律法规及集团安全生产责任制中规定隐患排查治理工作职责。

第十条　从业人员发现事故隐患或者其他不安全因素，应当立即向现场安全生产管理人员或者本单位负责人报告；接到报告的人员应当按照职责分工立即组织核实并处理，并按照集团有关规定对相关人员给予奖励。

第十一条　从业人员发现直接危及人身安全的紧急情况时，有权停止作业或者在采取可能的应急措施后撤离作业现场。

第二章　事故隐患排查治理

第十二条　各单位、业务部室应运用隐患排查治理系统记录经营单位事故隐患排查治理情况，分析、预测安全生产形势，实现事故隐患排查治理和监督管理的信息化。排查的安全隐患应严格按照集团事故隐患排查治理系统数据要求实行上报、专业认定、分级整改、联合复查、办结销账信息化闭环管理。

第十三条　事故隐患排查管理。事故隐患排查按照各单位自查、集团督查的原则开展。要严格按照集团事故隐患排查治理管理模块固定数据要求，如实、准确填报事故隐患基本信息。

第十四条　各单位应按照班组日查、分厂（车间、部门）周查、厂（公司）月查的最低频次要求，对照隐患排查清单开展隐患排查。

第十五条　集团安全部、相关部门至少每季度组织一次事故隐患排查。

第十六条　事故隐患认定管理。各单位专职安全管理人员负责对是否为隐患、隐患级别、隐患类型、存在风险、责任系统进行专业认定，同时派发整改负责人，做好隐患治理督促工作。

第十七条　事故隐患治理管理。集团事故隐患实行一般事故隐患分级治理和重大事故隐患会诊，所有事故隐患整改前应制定切实可行的安全防范措施。

第十八条　一般事故隐患分三级限期进行整改，二、三级事故隐患由隐患主体单位制定和审核整改方案，一级事故隐患整改方案由所在单位制定，经集团相关业务部室批准后方可实施。三级事故隐患整改时间不超过10天；二级事故隐患整改时间不超过20天；一级事故隐患整改时间不超过30天。

第十九条　重大事故隐患，相关业务部室应当组织专家和专业技术人员对其进行评估会诊，对事故隐患的监控保障措施、治理方式、治理期限等提出建议，组织重大事故隐患主体单位制定整改方案并予审核。

第二十条　事故隐患复查管理。二、三级事故隐患由主体单位自行进行现场复查；一级事故隐患由集团安全部和相关业务主管部门进行现场复查；重大事故隐患由集团业务主管部门，组织有关专家、技术人员，安全部进行现场复查，未经验收合格的，不得恢复生产经营活动或投入使用。

第二十一条　各单位应当定期总结、分析本单位事故隐患排查、治理和公示等工作情况。

第二十二条　重大事故隐患消除前，单位应当向从业人员公示事故隐患的危害程度、影响范围和应急措施。

第二十三条　各单位在事故隐患治理过程中，应当采取相应的监控防范措施，必要时应当派员值守。事故隐患排除前或者排除过程中无法保证安全的，应当从危险区域内撤出作业人员，疏散可能危及的人员，设置警戒标志，暂时停产停业、停止建设施工或者停止使用相关装置、设备、设施。

第二十四条　各单位（部门）将生产经营项目、场所、设备发包、出租的，应当与承包、承租单位签订安全生产管理协议，并在协议中明确各方对事故隐患排查、治理和防控的管理职责。各单位（部门）对承包、承租单位的事故隐患排查治理负有统一协调和监督管理的职责。

第二十五条　各单位应加强对自然灾害的预防。对于因自然灾害可能导致事故灾难的隐患，应当按照有关法律、法规、标准和本规定的要求排查治理，采取可靠的预防措施，制订应急预案。在接到有关自然灾害预报时，应当及时向下属部门或单位发出预警通知；发生自然灾害可能危及各单位和人员安全的情况时，应当采取撤离人员、停止作业、加强监测等安全措施，并及时向集团安全部及有关部门报告。

第三章　督查考核

第二十六条　集团安全部对各业务主管部门和各单位隐患排查治理工作开展情况进行不定期督查，并结合五项安全绩效考核工作，对集团隐患排查治理情况进行考核评比。

第二十七条　集团将对隐患排查治理各阶段工作进度情况及时通报，对隐患排查治理工作中的好经验、好做法给予表扬，对于未开展排查治理的部门和单位以及重大隐患整改不力的单位进行通报批评，对隐患整改不落实造成事故的，按照集团有关规定实行责任追究。

第四章 附 则

第二十八条 各单位可以根据本规定制定事故隐患排查治理和监督管理实施细则。

第二十九条 本规定自××××年××月××日起施行。

第二节 安全生产教育培训管理制度编制要点

安全生产教育培训不到位是企业生产经营过程中最大的事故隐患。安全生产教育培训管理制度主要是为了加强安全生产教育培训管理，规范各类安全生产教育培训，保证安全生产教育培训质量，提高从业人员安全素质，防范伤亡事故，减轻职业危害。

一、主要依据

- 《中华人民共和国安全生产法》
- 《国务院关于进一步加强企业安全生产工作的通知》
- 《中共中央　国务院关于推进安全生产领域改革发展的意见》
- 《安全生产培训管理办法》
- 《生产经营单位安全培训规定》
- 《特种作业人员安全技术培训考核管理规定》
- 《企业安全生产责任体系五落实五到位规定》

二、主要要素

1. 明确安全生产教育培训工作中职责分工。由于安全生产教育培训工作覆盖范围广，各生产经营单位可结合实际明确各部门在安全生产教育培训工作中的职责分工，特别要明确好人力资源部门与安全生产管理部门间有关安全生产教育培训工作的职责分工。一般来说，安全生产管理部门负责提出安全生产教育培训需求、把控教育培训质量和监督检查教育培训实施落实情况等。

2. 规范各类教育培训的人员范围、培训内容、学时等具体要求。关于哪类人员需要开展什么内容的培训以及学时要求，在国家安全监管总局颁布的《生产经营单位安全培训规定》中都有明确的规定，在制度编制中应予执行。但具体到由谁去实施、用哪种方式去实施，需要各生产经营单位结合实际进行制度明确。

3. 人员范围上要确保无遗漏。各生产经营单位应对单位主要负责人、安全生产管理人员、特种作业人员和其他从业人员等展开全员培训。特别应当将被派遣劳动者、实习生纳入本单位从业人员统一管理，进行岗位安全操作规程和安全操作技能的教育和培训，确保无遗漏。

三、法定要求

1. 《中华人民共和国安全生产法》（节选）

第二十五条　生产经营单位应当对从业人员进行安全生产教育和培训，保证从业人员具备必要的安全生产知识，熟悉有关的安全生产规章制度和安全操作规程，掌握本岗位的安全操作技能，了解事故应急处理措施，知悉自身在安全生产方面的权利和义务。未经安全生产教育和培训合格的从业人员，不得上岗作业。

生产经营单位使用被派遣劳动者的，应当将被派遣劳动者纳入本单位从业人员统一管理，对被派遣劳动者进行岗位安全操作规程和安全操作技能的教育和培训。劳务派遣单位应当对被派遣劳动者进行必要的安全生产教育和培训。

生产经营单位接收中等职业学校、高等学校学生实习的，应当对实习学生进行相应的安全生产教育和培训，提供必要的劳动防护用品。学校应当协助生产经营单位对实习学生进行安全生产教育和培训。

生产经营单位应当建立安全生产教育和培训档案，如实记录安全生产教育和培训的时间、内容、参加人员以及考核结果等情况。

第二十六条　生产经营单位采用新工艺、新技术、新材料或者使用新设备，必须了解、掌握其安全技术特性，采取有效的安全防护措施，并对从业人员进行专门的安全生产教育和培训。

第二十七条　生产经营单位的特种作业人员必须按照国家有关规定经专门的安全

作业培训，取得相应资格，方可上岗作业。

特种作业人员的范围由国务院安全生产监督管理部门会同国务院有关部门确定。

2.《国务院关于进一步加强企业安全生产工作的通知》（节选）

6. 强化职工安全培训。企业主要负责人和安全生产管理人员、特殊工种人员一律严格考核，按国家有关规定持职业资格证书上岗；职工必须全部经过培训合格后上岗。企业用工要严格依照劳动合同法与职工签订劳动合同。凡存在不经培训上岗、无证上岗的企业，依法停产整顿。没有对井下作业人员进行安全培训教育，或存在特种作业人员无证上岗的企业，情节严重的要依法予以关闭。

3.《中共中央 国务院关于推进安全生产领域改革发展的意见》（节选）

（三十）健全安全宣传教育体系。将安全生产监督管理纳入各级党政领导干部培训内容。把安全知识普及纳入国民教育，建立完善中小学安全教育和高危行业职业安全教育体系。把安全生产纳入农民工技能培训内容。严格落实企业安全教育培训制度，切实做到先培训、后上岗。推进安全文化建设，加强警示教育，强化全民安全意识和法治意识。发挥工会、共青团、妇联等群团组织作用，依法维护职工群众的知情权、参与权与监督权。加强安全生产公益宣传和舆论监督。建立安全生产"12350"专线与社会公共管理平台统一接报、分类处置的举报投诉机制。鼓励开展安全生产志愿服务和慈善事业。加强安全生产国际交流合作，学习借鉴国外安全生产与职业健康先进经验。

4. 各生产经营单位在编制安全生产教育培训制度时应重点参考并严格执行《生产经营单位安全培训规定》和《特种作业人员安全技术培训考核管理规定》。详细内容请查阅这两个重要文件。

四、编写参考

××集团公司安全生产教育培训管理规定

第一章 总 则

第一条 为提高集团各类人员的安全生产意识和安全生产技能，增强做好安全生产工作的责任感和自觉性，有效地控制和减少生产安全事故，依据《中华人民共和国安全生产法》《生产经营单位安全培训规定》和《北京市安全生产条例》，结合集团实际制定本规定。

第二条　本规定适用于集团及所属各分公司的安全生产教育培训工作，子公司参照执行。

第三条　安全生产教育培训是集团贯彻"安全第一、预防为主、综合治理"安全生产方针的重要途径，是实现安全生产管理工作规范化、程序化、科学化最重要的基础工作。

第二章　安全生产教育培训管理

第四条　相关部门安全生产教育培训管理工作职责划分

安全部负责提出年度集团级安全生产教育培训计划，组织集团级安全生产教育培训项目，对各单位安全生产教育培训情况进行监督检查。

人力资源部负责审核安全生产教育培训计划和培训项目，审核计划内、审批计划外安全生产教育培训经费的使用。

技术培训中心根据培训计划，负责实施集团级安全生产教育培训项目；负责各类职业/执业资格/等级取证/复审/继续教育项目的统一组织、实施、证书领取等工作。

各单位负责本单位各类人员的安全生产教育培训具体实施工作。

第五条　安全生产教育培训的内容应具有针对性，需根据人员特点和岗位特点，确定培训内容、任课教师、培训时间和培训周期，选用合适的教材，使教育培训工作重点突出、目的明确，达到预期效果。

第六条　安全培训对象包括单位主要负责人、安全生产管理人员、特种作业人员和其他从业人员在内的全体人员。

培训对象应当接受安全培训，熟悉有关安全生产规章制度和安全操作规程，具备必要的安全生产知识，掌握本岗位的安全生产操作技能，增强事故预防、职业危害控制和应急处理的能力。

第七条　依据相关规定要求，应取得安全生产培训合格证的人员必须按规定参加安全生产培训，经考核合格后方可上岗。

未经安全生产教育或安全生产培训考核不合格以及持无效合格证的人员，各单位任何部门不得安排其从事相应岗位工作。

第三章　安全生产教育培训形式及内容

第八条　单位主要负责人的安全生产教育培训

（一）培训的主要内容

1. 国家和北京市有关安全生产的方针、政策、法规及有关行业的规章、规程、规范和标准；

2. 安全生产管理的基本知识、方法与安全生产技术，有关行业安全生产管理知识；

3. 重大危险源管理、重大事故防范、应急管理和事故调查处理的有关规定；

4. 职业危害及其预防措施；

5. 国内外先进的安全生产管理经验；

6. 典型事故案例分析；

7. 其他需要培训的内容。

（二）培训时间

初次安全生产培训时间不得少于 32 学时，每年再培训时间不得少于 12 学时。

（三）集团培训中心负责组织实施。

第九条 专兼职安全生产管理人员的安全生产教育培训

（一）培训的主要内容

1. 国家和北京市有关安全生产的方针、政策、法规及有关行业的规章、规程、规范和标准；

2. 安全生产管理知识、安全生产技术、职业卫生知识、安全文化知识和有关行业安全生产管理专业知识；

3. 伤亡事故和职业病统计、报告及调查处理程序；

4. 应急预案编制、应急处置和应急措施等应急管理内容；

5. 重大危险源管理；

6. 国内外先进的安全生产管理经验；

7. 典型事故案例分析；

8. 其他需要培训的内容。

（二）培训时间

初次安全生产培训时间不得少于 32 学时，每年再培训时间不得少于 12 学时。

（三）集团培训中心负责组织实施。

第十条 班组长及班组安全员的安全生产教育培训

班组是集团管理和员工从事生产劳动的基本单位，做好班组安全生产管理，是集团实现安全生产的基础保障。

（一）培训的主要内容

1. 安全生产的重要意义；

2. "三同时""四不放过"等安全管理原则；

3. 班组安全生产管理；

4. 应急处置流程和措施；

5. 典型事故案例分析；

6. 其他需要培训的内容。

（二）培训时间

初次安全生产培训时间不得少于12学时，每年再培训时间不得少于8学时。

（三）各单位安全生产管理部门负责组织实施。

第十一条 新从业人员的安全生产教育培训

新招（聘）、调入集团员工、见习期大中专毕业生、实习生和临时务工人员等新从业人员必须进行安全生产教育，学时不得少于24学时，经考试合格方可上岗。其中，一线员工必须经过厂级、车间级、班组级三级安全教育。对于不设置车间的单位，车间级安全生产教育由相应业务部室负责。集团机关新从业人员安全生产教育由集团相应业务部室负责。

（一）厂级安全生产教育

1. 教育内容：

（1）本单位安全生产情况及安全生产基本知识；

（2）本单位安全生产规章制度和劳动纪律；

（3）作业场所和工作岗位存在的危险有害因素、防范措施及事故应急措施；

（4）从业人员安全生产权利和义务；

（5）有关事故案例分析；

（6）其他需要培训的内容。

2. 教育时间：不得少于8学时。

3. 人员所属单位负责组织实施。

（二）车间级安全生产教育

1. 教育内容

（1）工作环境及危险有害因素；

（2）所从事工种可能遭受的职业伤害和伤亡事故类型；

（3）所从事工种的安全生产职责、操作技能及强制性标准；

（4）突发事件的处理流程及自救互救方法；

（5）安全设备设施、劳动防护用品的使用和维护；

（6）本车间安全生产状况及规章制度；

（7）预防事故和职业危害的措施及应注意的安全事项；

（8）有关事故案例分析；

（9）其他需要培训的内容。

2. 教育时间：不得少于 8 学时。

3. 人员所属车间负责组织实施。

（三）班组级安全生产教育

1. 教育内容

（1）班组工作性质及职责范围；

（2）岗位安全操作规程；

（3）生产设备、安全装置、劳动防护用品的正确使用方法；

（4）岗位之间工作衔接配合的安全与职业卫生事项；

（5）有关事故案例分析；

（6）其他需要培训的内容。

2. 教育时间：不得少于 8 学时。

3. 班组长或班组安全员负责组织实施。

（四）进行三级安全教育并经考核合格后，受教育人及教育者应按照规定填写"职工三级安全教育卡"，交主管部门存档备案。

（五）经单位教育培训组织部门确认新从业人员符合上岗资格后，通知相关部门发放相应的劳动防护用品，准许上岗。

第十二条 转复岗人员安全生产教育培训

（一）人员范围

1. 调换工作岗位人员；

2. 变换工种人员；

3. 脱岗外出学习或外借六个月及以上人员；

4. 产假六个月及以上人员；

5. 病休六个月及以上人员；

6. 工伤六个月及以上人员。

（二）以上人员重新上岗时应进行相应的车间和班组级安全生产教育。

（三）由人员所属车间和班组负责组织实施，时间不得少于 4 学时。

第十三条 "三新"安全生产教育

（一）"三新"教育内容

1. "三新"的特点及操作方法；

2. "三新"投产过程中存在的危害因素、危险区域及预防措施；

3. 新制定的安全生产管理制度及安全操作规程内容和要求；

4. 正确使用劳动防护用品的要求。

（二）集团或各单位相应业务主管部门负责组织实施，时间不得少于 4 学时。

第十四条 全员安全生产教育

（一）全员安全生产教育是集团做好安全生产工作的重要前提，是提高广大员工遵章守纪、增强自我保护能力的重要环节。全员安全生产教育必须全员参加。

（二）全员安全生产教育内容

1. 安全生产法律法规；

2. 作业场所和工作岗位存在的危险有害因素、防范措施；

3. 事故应急措施；

4. 安全生产新知识、新技术；

5. 职业卫生健康及防控措施；

6. 有关事故案例分析。

（三）各单位安全生产管理部门负责组织实施，每年不得少于 8 学时。

第十五条 特种作业人员和特种设备作业人员的安全生产教育培训执行国家和北京市相关规定。

第十六条 各单位应当将安全生产教育培训工作纳入年度工作计划，并组织实施。

第十七条 各单位应将从业人员安全生产教育培训情况详细准确记录至集团安全监管综合信息平台的培训模块，涉及签字部分同时做好纸版存档。

第四章 附 则

第十八条 本规定中"三新"是指新工艺（新技术）、新设备、新材料。

第十九条 本规定由集团安全部负责解释。

第二十条 本规定自××××年××月××日起施行。

第三节 安全生产会议管理制度编制要点

安全生产会议管理制度主要是规范各类安全生产会议内容，明确召开频次与召开方式，建立更好的安全生产工作协调解决工作机制，及时研判安全生产形势和解决安全生产问题，确保生产安全。

一、主要依据

- 《中华人民共和国安全生产法》
- 《国务院关于进一步加强企业安全生产工作的通知》

二、主要要素

1. 会议类型。一般来说，集团型公司安全生产例会应该包括集团安全生产委员会例会、集团安全生产形势分析会、各单位安全生产领导小组例会、各单位安全生产形势分析会和专项安全会议。

2. 参会人员。安全生产形势分析会应该由生产经营单位负责人亲自主持召开，安全生产管理部门和相关业务部室主管人员参加。

3. 会议内容。内容上各生产经营单位可结合实际确定，但至少应包括通报隐患排查治理情况、上次会议提及的安全生产问题的解决情况，部署下阶段安全生产工作等方面。有重大议定事项时要形成正式的安全会议纪要，一般会议做安全记录也可。

三、法定要求

1.《中华人民共和国安全生产法》（节选）

第二十三条　生产经营单位的安全生产管理机构以及安全生产管理人员应当恪尽职守，依法履行职责。

生产经营单位作出涉及安全生产的经营决策，应当听取安全生产管理机构以及安全生产管理人员的意见。

生产经营单位不得因安全生产管理人员依法履行职责而降低其工资、福利等待遇或者解除与其订立的劳动合同。

危险物品的生产、储存单位以及矿山、金属冶炼单位的安全生产管理人员的任免，应当告知主管的负有安全生产监督管理职责的部门。

2.《国务院关于进一步加强企业安全生产工作的通知》（节选）

企业要建立完善的安全生产动态监控及预警预报体系，每月进行一次安全生产风险分析。发现事故征兆要立即发布预警信息，落实防范和应急处置措施。对重大危险源和重大隐患要报当地安全生产监管监察部门、负有安全生产监管职责的有关部门和行业管理部门备案。涉及国家秘密的，按有关规定执行。

四、编写参考

××集团公司安全生产会议管理规定

第一章　总　　则

第一条　为认真贯彻执行国家及北京市相关安全生产法律法规，落实集团安全主体责任，有效防范安全生产事故的发生，结合集团实际情况，特制定本规定。

第二条　本规定适用于集团所属各分公司，子公司参照执行。

第二章　安全生产例会的类型和组织

第三条　安全生产例会分为集团安全生产委员会例会、集团安全生产形势分析会、各单位安全生产领导小组例会、安全生产形势分析会等。

第四条　安全生产委员会例会参会对象为安全生产委员会成员，时间为每季度召开一次。

第五条　集团安全生产形势分析会参会对象为集团分管安全生产工作的领导、集团安全部、各下属单位主管安全生产工作的领导和安全生产管理部门负责人等，时间为每季度召开一次。

第六条　各单位安全生产领导小组例会对象为本单位安全生产领导小组成员，时间为每季度召开一次；安全形势分析会参会对象为单位主要领导，主管安全生产工作的领导，各部室、车间（班组）负责人等，时间为每月召开一次。

第三章　安全生产例会内容

第七条　集团安全生产委员会会议主要内容

（一）学习、贯彻国家及北京市安全生产相关文件精神。

（二）计划、实施、检查、评估集团安全生产的阶段性工作。

（三）研究、解决安全生产的重大问题，提出持续改进的安全生产对策和措施。

（四）审议各业务部室提交的安全生产事项。

第八条　集团安全生产形势分析会会议主要内容：

（一）传达贯彻上级有关部门安全生产相关文件精神；研究分析集团安全生产形势。

（二）各单位汇报安全生产工作季度总结，主要内容应包括上季度例会工作任务完成情况总结、安全生产检查情况、隐患整改情况、应急工作情况、外施管理情况等。

（三）听取各单位对本单位安全生产动态监控及预警预报体系运行情况、安全生产风险分析情况汇报。

（四）各单位结合工作实际，汇报下阶段安全生产工作计划及相关任务。

（五）各单位交流安全生产工作经验，沟通安全生产信息，提出需要解决的安全生产问题等。

（六）安全部结合各单位情况总结上季度的整体安全生产工作情况，部署下一阶段的安全生产工作。

第九条　各单位安全生产领导小组会议主要内容

（一）学习、贯彻国家、北京市及集团安全生产相关文件精神。

（二）计划、实施、检查、评估本单位安全生产的阶段性工作。

（三）研究、解决本单位安全生产重大问题，提出持续改进的安全生产对策和措施。

（四）审议各业务部室提交的安全生产事项。

第十条　各单位安全生产形势分析会会议主要内容

（一）传达贯彻集团安全生产相关文件精神；研究分析本单位安全生产形势。

（二）各部门、车间（班组）汇报安全生产工作月度总结，主要内容应包括上月例会工作任务完成情况总结、安全生产检查情况、隐患整改情况、应急工作情况、外施管理情况等。

（三）各部门、车间（班组）提出需要解决的安全生产问题，结合工作实际，汇报下阶段安全生产工作计划及相关任务。

（四）各部门、车间（班组）交流安全生产工作经验，沟通安全生产信息，提出需要解决的安全生产问题。

（五）结合本单位情况总结上月的整体安全生产工作情况，部署下一阶段的安全生产工作。

第四章　安全生产例会相关要求

第十一条　安全生产例会工作内容、完成任务情况、会议记录将列入年度考核内容。

第十二条　会议由安全生产管理部门负责做好会议记录，形成重要决议要通过会议纪要的形式发布。

第十三条　各单位要将安全生产例会内容对所属单位、部门进行传达，并以文字形式记录留存，保存期限一年。

第五章　附　　则

第十四条　本规定由集团安全部负责解释。

第十五条　本规定自××××年××月××日起施行。

第四节　安全生产检查管理制度编制要点

安全生产检查是安全生产管理工作重要且常规的一项工作，是及时发现事故隐患的有效手段。安全生产检查管理制度主要是规范检查方式、检查内容和检查要求，确保安全检查有效实施，及时排查治理事故隐患。

一、主要依据

- 《中华人民共和国安全生产法》
- 《国务院关于进一步加强企业安全生产工作的通知》
- 《中共中央　国务院关于推进安全生产领域改革发展的意见》

二、主要要素

1. 检查内容。在制度编制过程中检查内容应包含管理检查和现场检查两方面。管理检查方面，各生产经营单位间内容应该差别不大，一般包括安全生产责任落实、组织机构设置、制度建设、教育培训、安全生产会议等。现场检查方面，由于各企业生产工艺不同，重点风险不同，检查的内容差异较大，但用电、消防、特种设备、危险作业等通用内容应予包含。

2. 检查形式。安全生产检查形式一般分为综合检查、日常检查、专项检查、互相检查等。各生产经营单位可结合实际确定各种形式的检查频次和组织实施程序。

3. 检查要求。对应检查既有内部检查还有外部检查。对应检查出的问题都应明确整改期限，开具检查单，形成闭环管理。

三、法定要求

1.《中华人民共和国安全生产法》（节选）

第四十三条　生产经营单位的安全生产管理人员应当根据本单位的生产经营特点，对安全生产状况进行经常性检查；对检查中发现的安全问题，应当立即处理；不能处理的，应当及时报告本单位有关负责人，有关负责人应当及时处理。检查及处理情况应当如实记录在案。

生产经营单位的安全生产管理人员在检查中发现重大事故隐患，依照前款规定向本单位有关负责人报告，有关负责人不及时处理的，安全生产管理人员可以向主管的负有安全生产监督管理职责的部门报告，接到报告的部门应当依法及时处理。

第四十五条　两个以上生产经营单位在同一作业区域内进行生产经营活动，可能危及对方生产安全的，应当签订安全生产管理协议，明确各自的安全生产管理职责和应当采取的安全措施，并指定专职安全生产管理人员进行安全检查与协调。

2.《国务院关于进一步加强企业安全生产工作的通知》（节选）

企业要健全完善严格的安全生产规章制度，坚持不安全不生产。加强对生产现场监督检查，严格查处违章指挥、违规作业、违反劳动纪律的"三违"行为。凡超能力、超强度、超定员组织生产的，要责令停产停工整顿，并对企业和企业主要负责人依法给予规定上限的经济处罚。对以整合、技改名义违规组织生产，以及规定期限内未实施改造或故意拖延工期的矿井，由地方政府依法予以关闭。要加强对境外中资企业安全生产工作的指导和管理，严格落实境内投资主体和派出企业的安全生产监督责任。

3.《中共中央　国务院关于推进安全生产领域改革发展的意见》（节选）

定期排查区域内安全风险点、危险源，落实管控措施，构建系统性、现代化的城市安全保障体系，推进安全发展示范城市建设。提高基础设施安全配置标准，重点加强对城市高层建筑、大型综合体、隧道桥梁、管线管廊、轨道交通、燃气、电力设施及电梯、游乐设施等的检测维护。完善大型群众性活动安全管理制度，加强人员密集场所安全监管。加强公安、民政、国土资源、住房城乡建设、交通运输、水利、农业、安全监管、气象、地震等相关部门的协调联动，严防自然灾害引发事故。

四、编写参考

××集团公司安全生产检查管理规定

第一章　总　　则

第一条　为贯彻落实"安全第一、预防为主、综合治理"的安全生产方针，防止和减少安全生产事故，减轻职业危害，落实安全生产责任制，强化安全工作，特制定本规定。

第二条　安全生产检查的主要内容概括为查思想、查管理、查隐患、查整改、查事故的处理等，通过检查对发现的危险因素及时采取有效措施，消除隐患，保证生产安全。

第二章　安全生产检查机构及职责

第三条　集团安全生产委员会和安全体系管理部是联合安全生产检查、季节性安全生产检查、专业安全生产检查和日常安全生产巡查的主管部门。各部门（生产车间）负责各自日常安全生产检查。

第三章 安全生产检查形式及内容

第四条 联合安全生产检查

1. 每月末集团公司开展联合安全生产检查，内容包括安全生产状况（生产设备、电气设备、化学品的储存、工作场所及其员工）、消防设施、生产设施、办公设施、文明生产、隐患整改、劳动纪律、生产秩序、交通安全、车辆、特种设备、环境管理等。安全体系管理部负责做好检查记录。

2. 假日（元旦、春节、五一、十一）安全生产检查，是节假日期间安全生产工作的重要保证，每年不得少于 4 次。

（1）节假日前，由集团安全生产委员会组织成员单位，对各部门水、电、汽的安全状态及安全保卫工作进行检查。

（2）各部室（生产车间）由经理（主任）牵头，组成检查组，节日期间对职能科室（车间）管辖范围进行自检。

第五条 季节性安全生产检查

1. 雨季：防汛、防雷工作的安全生产检查，如：厂房、办公楼等对电器设备及线路进行全面检查。

2. 夏季：进行防暑降温工作的检查，对高温场所作业应采取职业安全健康防护措施。

3. 冬季：对水路管道及易受冻损坏的设备和原材料进行检查，做好各项防冻工作。

4. 干旱季节：在空气干燥易发生火灾的季节，对生产车间、库房等使用的电器设备、线路和易燃、易爆物品进行全面检查，做好防火措施。

安全体系管理部负责做好检查记录。

第六条 专业安全生产检查

专业安全生产检查是对某个专项问题或在生产中存在的普遍性安全问题的单项定期性检查。由安全体系管理部负责组织实施危险作业的专项检查，并做好检查记录。检查内容如下：

1. 动火、用电作业是否符合要求。

2. 化学品的使用和储存是否符合要求。

3. 作业场所设备、设施的运行和使用是否符合要求。

4. 消防设施是否符合要求。

5. 建筑结构、平面布局、安全通道是否有事故隐患。

第七条 日常安全生产检查

1. 安全管理人员检查内容

安全体系管理部安全管理员应加强生产现场巡回检查，及时发现和消除生产过程中存在的事故隐患，定期对安全操作规程、劳动防护用品、化学品安全管理等各项制度的执行情况进行巡回检查，发现问题立即上报有关部门处理。

2. 车间安全员检查内容

（1）检查各种设备、设施的安全运行和维修情况，负责做好检查记录。

（2）检查设备、设施的安全防护装置，保证其完好、安全可靠。

（3）检查工作场所的光线充足情况；有毒有害气体及噪声控制是否达到国家规定的标准。

（4）检查易燃、易爆或有毒等危险作业场所是否设置相应的防护设施、报警装置、通信装置、安全标志等。

（5）检查劳动防护用品的佩戴使用情况。

3. 班组、岗位日常安全生产检查

（1）班组是实现安全生产工作的关键，应每天对所属设备及安全防护装置、生产环境、执行安全生产制度及操作规程情况进行检查，做好检查记录。

（2）岗位工人对本岗位的安全生产负直接责任，每天要检查个人有关安全生产规章制度和安全操作规程的执行情况，检查有无违章作业，遵守劳动纪律。

第八条 关于对新设备，技术改造，设备大、中修的安全生产检查

生产保障部设备管理员负责对公司新增设备，技术改造，设备大、中修及重大工程项目施工（包括大型设备安装、基建项目施工）、临时性任务等进行安全生产检查。

对施工前安全措施的制定，施工中措施的执行情况，试车前及试车中的安全检查等项目应列为检查重点。检查标准及检查办法应严格执行有关制度，严禁走过场，做好检查记录。

第四章 安全生产例检制度

第九条 各车间（职能部室）班组每天要在班前、班中、班后进行安全生产检查，发现事故隐患要及时上报和整改，并将检查结果记录于生产记录和交接班记录上。

第十条 班组班前、班中、班后检查内容如下：

1. 班前检查

（1）班组成员的精神面貌、身体状况是否良好。

（2）劳动防护用品有无破损、失效情况。

（3）劳动防护用品是否正确穿戴使用。

（4）设备设施各部件是否有效可靠。

（5）安全附件是否有效，工具是否齐全完好。

（6）安全通道是否畅通。

2. 班中检查

（1）作业人员是否有违章操作，发现违章行为应立即制止、纠正。

（2）各项安全措施是否落实。

（3）设备的运行情况是否正常。

（4）作业环境是否良好，如空气质量、地面整洁情况等。

3. 班后检查

（1）设备是否处于断电停机状态。

（2）是否熄灭火源，不留下火灾隐患。

（3）是否将易燃易爆物品妥善处理。

（4）工具、物料是否分类摆放整齐。

（5）成品与半成品等是否分开摆放。

（6）是否清除了作业留下的残渣、杂物。

第十一条 集团安全体系管理部安全管理员负责每周一次对各车间、部室重点危险源进行点检；对所有作业区域安全生产状况进行巡检，并做好检查记录。

第十二条 各车间安全员负责每天对各自部门管辖范围内的重点危险源进行点检，对作业区域内安全操作规程执行情况、劳动防护用品使用情况及设备、消防器材是否处于良好的运行状态等安全生产状况进行巡检，并做好检查记录。

第十三条 各车间主任（部门经理）每周末、月末负责组织本车间（部门）工艺、设备技术员及安全员进行安全管理检查，做好检查记录，并于月末上交至集团安全体系管理部，检查内容如下：

1. 规章制度的落实与执行情况

(1) 是否落实安全生产责任制。

(2) 是否严格执行岗位安全操作规程。

(3) 是否定期开展安全生产教育培训并实施考核。

(4) 是否严格执行交接班制度。

(5) 是否执行班前、班中、班后安全生产检查。

(6) 是否定期开展安全活动，如安全技能竞赛等。

(7) 是否定期检查劳动防护用品，及时淘汰不合格劳动防护用品。

2. 现场安全管理

(1) 发现隐患能否立即处理。

(2) 安全操作规程、工艺规程、岗位安全卡片是否齐全有效。

(3) 安全标准化执行情况。

(4) 员工是否养成良好的作业习惯。

3. 各类记录是否准确、及时、完整

(1) 安全会议记录。

(2) 设备运行情况检查记录。

(3) 设备设施维修记录。

(4) 班组安全检查记录。

第五章　安全生产检查的查处与处置

第十四条　集团安全体系管理部负责对查出的隐患和问题下发"纠正和预防措施通知单"，接到"纠正和预防措施通知单"的车间（部门）要进行原因分析并落实整改措施，安全体系管理部负责对整改情况进行复检。

第六章　附　　则

第十五条　本规定由集团安全体系管理部负责解释。

第十六条　本规定自××××年××月××日起施行。

第五节 安全生产投入制度编制要点

安全生产投入制度是为规范安全生产费用范围、投入比例、使用程序等相关管理，建立起企业安全生产投入长效机制的一项专项制度。

一、主要依据

- 《中华人民共和国安全生产法》
- 《国务院关于进一步加强企业安全生产工作的通知》
- 《中共中央 国务院关于推进安全生产领域改革发展的意见》
- 《企业安全生产费用提取和使用管理办法》

二、主要要素

1. 费用使用范围及提取比例。生产经营单位在编制制度时，应遵照《企业安全生产费用提取和使用管理办法》相关规定设置费用科目，制订费用使用计划，按规定比例提取及实施使用。

2. 使用程序。生产经营单位财务部门与安全生产管理部门应沟通好预算、入账、结转等相关细节，同时以制度形式进行规范。

三、法定要求

1. 《中华人民共和国安全生产法》（节选）

第二十条 生产经营单位应当具备的安全生产条件所必需的资金投入，由生产经营单位的决策机构、主要负责人或者个人经营的投资人予以保证，并对由于安全生产所必需的资金投入不足导致的后果承担责任。

有关生产经营单位应当按照规定提取和使用安全生产费用，专门用于改善安全生产条件。安全生产费用在成本中据实列支。安全生产费用提取、使用和监督管理的具体办法由国务院财政部门会同国务院安全生产监督管理部门征求国务院有关部门意见后制定。

2. 《国务院关于进一步加强企业安全生产工作的通知》（节选）

10. 加快安全生产技术研发。企业在年度财务预算中必须确定必要的安全投入。国家鼓励企业开展安全科技研发，加快安全生产关键技术装备的换代升级。进一步落实《国家中长期科学和技术发展规划纲要（2006—2020年)》等，加大对高危行业安全技术、装备、工艺和产品研发的支持力度，引导高危行业提高机械化、自动化生产水平，合理确定生产一线用工。"十二五"期间要继续组织研发一批提升我国重点行业领域安全生产保障能力的关键技术和装备项目。

25. 制定落实安全生产规划。各地区、各有关部门要把安全生产纳入经济社会发展的总体布局，在制定国家、地区发展规划时，要同步明确安全生产目标和专项规划。企业要把安全生产工作的各项要求落实在企业发展和日常工作之中，在制定企业发展规划和年度生产经营计划中要突出安全生产，确保安全投入和各项安全措施到位。

3. 《中共中央 国务院关于推进安全生产领域改革发展的意见》（节选）

（二十六）完善安全投入长效机制。加强中央和地方财政安全生产预防及应急相关资金使用管理，加大安全生产与职业健康投入，强化审计监督。加强安全生产经济政策研究，完善安全生产专用设备企业所得税优惠目录。落实企业安全生产费用提取管理使用制度，建立企业增加安全投入的激励约束机制。健全投融资服务体系，引导企业集聚发展灾害防治、预测预警、检测监控、个体防护、应急处置、安全文化等技术、装备和服务产业。

4. 《企业安全生产费用提取和使用管理办法》（节选）

安全费用按照"企业提取、政府监管、确保需要、规范使用"的原则进行管理。在办法中详细规定了在中华人民共和国境内直接从事煤炭生产、非煤矿山开采、建设工程施工、危险品生产与储存、交通运输、烟花爆竹生产、冶金、机械制造、武器装备研制生产与试验（含民用航空及核燃料）的企业以及其他经济组织，在生产经营活动过程中的安全生产费用提取比例和使用管理要求。各企业在编制安全生产投入管理制度时应重点查阅该办法。

四、编写参考

××公司安全生产费用管理规定

第一条 为了保证公司安全生产活动的顺利进行，保障安全生产资金及时到位，特制定本规定。

第二条 安全生产费用提取

一、按照国家规定，公司安全生产费用以建筑安装工程造价为计提依据，市政公用工程按 1.5％ 提取。

二、安全生产费用是指公司按照规定标准提取、在成本中列支、专门用于完善和改进公司安全生产条件的资金。安全生产费用优先用于公司安全技术措施的实施及为满足和达到安全生产标准而进行的整改需求。

第三条 安全生产费用使用计划

一、各项目部依据施工要求编制安全生产费用使用计划，上报公司财务部，经总经理批准后，纳入公司年度安全生产费用使用计划。

二、公司财务部依据各项目部申报的安全生产费用使用计划，汇总编制公司年度安全生产费用使用计划，报总经理批准实施，并报公司安环部一份，以便监督实施。

三、财务部负责对安全生产费用进行统一管理，根据年度安全生产计划，做好安全生产费用的投入落实工作，建立费用使用台账，确保安全投入迅速及时。

四、各项目部除计划内安全生产费用使用外，如遇特殊情况，应由项目部根据实际发生需要，以书面报告形式报请公司主管经理批准，由财务部紧急调动资金安排使用。

第四条 安全生产费用使用范围

一、完善、改造和维护安全防护设施设备支出（不含"三同时"要求初期投入的安全设施）。

二、配备、维护、保养应急救援器材、设备支出和应急演练支出。

三、开展重大危险源和事故隐患评估、监控和整改支出。

四、安全生产检查、评价（不包括新建、改建、扩建项目安全评价）、咨询和标准化建设支出。

五、配备和更新现场作业人员劳动防护用品支出。

六、安全生产宣传、教育、培训支出。

七、安全设施及特种设备检测检验支出。

八、其他与安全生产直接相关的支出。

第五条 安全生产费用提取比例及分项

一、完善、改造和维护安全防护设施设备支出，占40%。

1. 洞口、临边、机械设备、高处作业防护、交叉作业防护；

2. 防火、防爆、防尘、防毒、防雷、防台风、防地质灾害；

3. 地下工程有害气体监测、通风、临时安全防护等设施设备支出；

4. 安全标志、标牌及宣传栏等购买、制作、安装及维修、维护；

5. 安全设施及特种设备检测检验支出。

二、配备、维护、保养应急救援器材、设备支出和应急演练支出，占20%。

1. 各种应急救援设备及器材，急救药箱及器材；

2. 应急救援演练；

3. 其他为应急救援所需而准备的物资、专用设备、工具。

三、开展重大危险源和事故隐患评估、监控和整改支出，占10%。

1. 对重大危险源和事故隐患评估、监控和整改；

2. 危险物品储存、使用和防护。

四、安全生产检查、评价等支出，占5%。

1. 日常安全生产检查、评价等；

2. 聘请专家参与安全生产检查、评价。

五、配备和更新现场作业人员劳动防护用品支出，占5%。

安全帽、安全网、安全带、绝缘鞋等现场作业人员劳动防护用品。

六、安全生产宣传、教育、培训支出，占5%。

1. "三类人员"（企业主要负责人、项目负责人、专职安全生产管理人员）和特种作业人员的安全教育培训和复训；

2. 外部、公司组织的安全技术、培训教育。

七、其他与安全生产直接相关的支出，占15%。

1. 按规定办理意外伤害保险等；

2．安全生产奖励费用；

3．参加以安全生产为主题的知识竞赛、技能比赛等活动；

4．购置安全生产书籍、刊物、影像资料等。

第六条 安全生产费用监督管理及职责权限

一、安全生产费用应当按照"项目计取、确保需要、企业统筹、规范使用"的原则进行管理。财务部应将安全费用纳入公司财务计划，保证专款专用，并督促其合理使用。

二、公司安全生产委员会负责审核公司安全投入计划，监督检查安全投入落实情况。

三、安环部负责对安全生产资金使用情况进行监督。

四、各部门主管按照职责分工对有关专业安全生产费用计取、支付、使用实施监督管理。

五、各项目部应建立安全生产费用专项账目，专款专用，不得挪用。年末由财务部将安全生产费用使用情况进行汇总。

六、发现安全生产费用支取人擅自挪用安全生产费用的，公司将按情节严重程度严肃处理，处理办法由公司安全生产委员会另行决定。

第七条 本规定自××××年××月××日起施行。

附：安全生产费用提取计划表、安全生产费用提取计划清单

安全生产费用提取计划表

工程名称			项目负责人	
开工日期		竣工日期		

安全生产费用提取计划

工程造价		提取比例		提取金额	元
申请日期		提取计划金额	元	申请人	

安全生产费用报备项目清单

序号	类别	金额（元）	计划进场日期	备注
1	完善、改造和维护安全防护			
2	配备、维护、保养应急救援器材、设备			
3	重大危险源和事故隐患评估、监控和整改			
4	安全生产检查、评价			
5	现场作业人员劳动防护用品			
6	安全生产宣传、教育、培训			

序号	类别	金额（元）	计划进场日期	备注
7	其他与安全生产直接相关费用			
8				
资金合计			￥： 元	

安环部审核意见：

签字： 日期： 年 月 日

财务部审核意见：

签字： 日期： 年 月

公司领导审批意见：

签字： 日期： 年 月

安全生产费用提取计划清单

工程名称				
类别	项目名称	金额（元）	计划进场日期	备注
完善、改造和维护安全防护				
			小计：	元
应急救援器材、设备				
			小计：	元
重大危险源和事故隐患评估监控和整改				
			小计：	元
安全生产检查、评价				
			小计：	元

续表

类别	项目名称	金额（元）	计划进场日期	备注
现场作业人员劳动防护用品				
			小计：	元
安全生产宣传、教育、培训				
			小计：	元
其他与安全生产直接相关费用				
			小计：	元
			合计：	元

编制人： 日期： 审批人： 日期：

第六节 应急预案管理制度编制要点

应急预案管理制度主要是为规范生产安全事故应急预案管理工作，迅速有效处置生产安全事故而制定的一项制度。

一、主要依据

• 《中华人民共和国安全生产法》

• 《国务院关于进一步加强企业安全生产工作的通知》

• 《中共中央 国务院关于推进安全生产领域改革发展的意见》

- 《突发事件应急预案管理办法》

- 《生产安全事故应急预案管理办法》

- 《生产经营单位生产安全事故应急预案编制导则》

二、主要要素

1. 制度内容。应急预案管理制度从内容上应该包括编制、评审、公布、备案、宣传、教育、培训、演练、评估、修订及监督管理等方面内容。

2. 预案编制。预案如何编制是整个制度的重要内容。在编写时应明确综合应急预案、专项应急预案、现场处置方案编制条件和编制流程，具体内容是什么。各生产经营单位可以参考《生产安全事故应急预案管理办法》中相关规定确定本单位编制内容。

3. 具体程序。在制度编写中要结合生产经营单位实际，重点规定好评审、公布、备案、实施等具体要求。

三、法定要求

1.《中华人民共和国安全生产法》（节选）

第三十七条　生产经营单位对重大危险源应当登记建档，进行定期检测、评估、监控，并制定应急预案，告知从业人员和相关人员在紧急情况下应当采取的应急措施。

生产经营单位应当按照国家有关规定将本单位重大危险源及有关安全措施、应急措施报有关地方人民政府安全生产监督管理部门和有关部门备案。

第七十八条　生产经营单位应当制定本单位生产安全事故应急救援预案，与所在地县级以上地方人民政府组织制定的生产安全事故应急救援预案相衔接，并定期组织演练。

第七十九条　危险物品的生产、经营、储存单位以及矿山、金属冶炼、城市轨道交通运营、建筑施工单位应当建立应急救援组织；生产经营规模较小的，可以不建立应急救援组织，但应当指定兼职的应急救援人员。

危险物品的生产、经营、储存、运输单位以及矿山、金属冶炼、城市轨道交通运营、建筑施工单位应当配备必要的应急救援器材、设备和物资，并进行经常性维护、保养，保证正常运转。

2.《国务院关于进一步加强企业安全生产工作的通知》（节选）

16. 建立完善企业安全生产预警机制。企业要建立完善安全生产动态监控及预警预报体系，每月进行一次安全生产风险分析。发现事故征兆要立即发布预警信息，落实防范和应急处置措施。对重大危险源和重大隐患要报当地安全生产监管监察部门、负有安全生产监管职责的有关部门和行业管理部门备案。涉及国家秘密的，按有关规定执行。

17. 完善企业应急预案。企业应急预案要与当地政府应急预案保持衔接，并定期进行演练。赋予企业生产现场带班人员、班组长和调度人员在遇到险情时第一时间下达停产撤人命令的直接决策权和指挥权。因撤离不及时导致人身伤亡事故的，要从重追究相关人员的法律责任。

3.《中共中央 国务院关于推进安全生产领域改革发展的意见》（节选）

企业要定期开展风险评估和危害辨识。针对高危工艺、设备、物品、场所和岗位，建立分级管控制度，制定落实安全操作规程。树立隐患就是事故的观念，建立健全隐患排查治理制度、重大隐患治理情况向负有安全生产监督管理职责的部门和企业职代会"双报告"制度，实行自查自改自报闭环管理。严格执行安全生产和职业健康"三同时"制度。大力推进企业安全生产标准化建设，实现安全管理、操作行为、设备设施和作业环境的标准化。开展经常性的应急演练和人员避险自救培训，着力提升现场应急处置能力。

4. 各生产经营单位在编制应急预案管理制度时应重点参考和严格执行《生产安全事故应急预案管理办法》和《生产经营单位生产安全事故应急预案编制导则》。详细内容请查阅这两个重要文件。

四、编写参考

××公司应急预案管理制度

1 目的

为了规范安全生产事故应急预案的管理，完善应急预案体系，增强应急预案的科学性、针对性、实效性，依据《中华人民共和国安全生产法》《生产安全事故应急预案管理办法》《生产经营单位生产安全事故应急预案编制导则》等法律、法规和规章，制定本制度。

2 范围

本制度适用于应急预案的编制、评审、发布、备案、培训、演练和修订等工作。

3 应急预案的编制

3.1 应急预案的编制应当符合下列基本要求：

3.1.1 符合有关法律、法规、规章和标准的规定；

3.1.2 结合本公司、本单位的安全生产实际情况；

3.1.3 结合本公司、本单位的危险性分析情况；

3.1.4 应急组织和人员的职责分工明确，并有具体的落实措施；

3.1.5 有明确、具体的事故预防措施和应急程序，并与其应急能力相适应；

3.1.6 有明确的应急保障措施，并能满足本公司、本单位的应急工作要求；

3.1.7 预案基本要素齐全、完整，预案附件提供的信息准确；

3.1.8 预案内容与相关应急预案相互衔接。

3.2 公司根据有关法律、法规和《生产经营单位生产安全事故应急预案编制导则》（以下简称《导则》），结合本单位的危险源状况、危险性分析情况和可能发生的事故特点制定相应的应急预案。

3.3 公司应急预案体系为综合应急预案、专项应急预案和现场处置方案。

3.3.1 针对公司存在的各种风险、事故类型，由董事长组织编制公司的综合应急预案。综合应急预案包括本公司的应急组织机构及其职责、预案体系及响应程序、事故预防及应急保障、应急培训及预案演练等主要内容。

3.3.2 对于某一种类的风险，由安全生产副总经理组织制定相应的专项应急预案。

公司专项预案包括危险化学品事故应急预案、环境突发事件应急预案、特种设备事故应急预案、防洪预案。

专项应急预案包括危险性分析、可能发生的事故特征、应急组织机构与职责、预防措施、应急处置程序和应急保障等内容。

3.3.3 对于危险性较大的重点岗位、重点部位（包括重大危险源），由所在车间主任组织制定现场处置方案。现场处置方案包括危险性分析、可能发生的事故特征、应急处置程序、应急处置要求和注意事项等内容。

3.3.4　综合应急预案、专项应急预案和现场处置方案之间应当相互衔接，并与所涉及的其他单位的应急预案相互衔接。

3.3.5　应急预案应包括应急组织机构和人员的联系方式、应急物资储备清单等附件信息。附件信息应经常更新，确保信息准确有效。

4　应急预案的评审

4.1　评审方法

应急预案评审采取形式评审和要素评审两种方法。形式评审主要是用于备案时的评审。要素评审用于应急预案评审工作。应急预案评审采用合符、基本合符、不合符三种意见进行判定。对于基本合符和不合符项目，应给出具体修改意见和建议。

4.1.1　形式评审。依据《导则》和有关规范，对应急预案的层次结构、内容格式、语言文字、附件项目以及编制程序等内容进行审查，重点审查应急预案的规范性和编制程序。

4.1.2　要素评审。依据国家有关法律法规、《导则》和有关行业规范，从合法性、完整性、针对性、实用性、科学性、操作性和衔接性等方面对应急预案进行评审。为细化评审，采用列表方式分别对应急预案要素进行评审。评审时，将应急预案的要素内容与评审表中所列要素的内容进行对照，判断是否符合有关要求，指出存在的问题及不足。应急预案要素分为关键要素和一般要素。

关键要素是指应急预案构成要素中必须规范的内容，包括危险辨识与风险分析、组织机构及职责、信息报告与处置和应急响应程序处置技术等要素。关键要素必须符合公司实际和有关规定要求。

一般要素是指应急预案构成要素中可以简写和省略的内容，包括应急预案中的编制目的、编制依据、应用范围、工作原则、单位概况等要素。

4.2　评审程序

应急预案编制完成后，应对应急预案进行评审。

4.2.1　评审准备。成立应急预案评审工作组，包括公司领导、职能部门负责人及涉及单位负责人和技术人员。

4.2.2　组织评审。评审工作由董事长或安全生产副总经理主持，应急预案评审工作组讨论并提出会议评审意见。现场处置方法的评审，采取演练的方式对应急预案进行论证。

4.2.3 修订完善。应急预案编制组织者应认真组织分析评审意见，按照评审意见对应急预案进行修订完善。

4.2.4 批准印发。应急预案经评审或论证，符合要求的综合应急预案和专项应急预案由董事长签发，现场处置方案由安全生产副总经理签发。

5 应急预案的备案

5.1 公司综合应急预案和专项应急预案，报区安全生产监督管理部门和有关主管部门备案，并提交以下资料：

①应急预案备案申请表。

②应急预案评审意见。

③应急预案文本和电子文档。

5.2 公司应向接受备案的上级主管部门领取备案登记证明。

6 应急预案的实施

6.1 公司采取多种形式开展应急预案的宣传教育，普及生产安全事故预防、避险、自救和互救知识，提高员工的安全意识和应急处置技能。

6.2 各单位定期组织开展本单位的应急预案培训活动，使有关人员了解应急预案内容，熟悉应急职责、应急程序和岗位应急处置方法。

6.3 应急预案要点和程序应张贴在作业地点和应急指挥场所，并设置明显的标志。

6.4 公司在制订年度安全生产工作计划时，同时制订应急演练计划，每年至少组织一次综合应急预案演练或者专项应急预案演练，每半年至少组织一次现场处置方案演练。

6.5 应急预案演练结束后，应急预案演练组织单位应对应急预案演练效果进行评估，撰写应急演练评估报告，分析存在的问题，提出应急预案修订意见。

6.6 应急预案每三年修订一次，预案修订情况应有记录并归档。

6.7 有下列情形之一的，应急预案应及时修订。

①公司因兼并、重组、转制等导致隶属关系、经营方式、法人代表发生变化的。

②公司生产工艺和技术发生变化的。

③周边环境发生变化，形成新的重大危险源的。

④应急组织指挥体系或者职责已经调整的。

⑤所依据的法律、法规、规章和标准发生变化的。

⑥应急预案演练评估报告要求修订的。

⑦应急预案管理部门要求修订的。

6.8 公司及时向有关部门或者单位报告应急预案的修订情况,并按照有关应急预案报备程序重新备案。

6.9 公司按照应急预案的要求配备相应的应急物资及装备,各单位必须建立使用状况档案,定期检测和维护,使其处于良好状态。

6.10 若发生事故,应当及时启动应急预案,组织有关力量进行救援,并按照规定将事故信息及应急预案启动情况报告安全生产监督管理部门或其他负有安全生产监督管理职责的部门。

第七节 安全生产台账管理制度编制要点

安全生产台账是反映一个单位安全生产管理整体情况的资料记录。加强安全生产台账管理不仅可以反映安全生产的真实过程和安全管理的实绩,而且可以为解决安全生产中存在的问题,强化安全控制、完善安全制度提供重要依据,是规范安全管理、夯实安全基础的重要手段。因此,安全生产台账不是一个可有可无的台账,及时、认真、真实地建立安全生产台账,是一个单位整理管理水平和管理人员综合素质的体现。

一、主要依据

《中华人民共和国安全生产法》

二、主要要素

1. 安全生产台账种类。制度编制时应明确需要建立的安全生产台账种类。各生产经营单位由于生产实际不同,台账的种类也会存在一定区别。通常来说,安全生产台账种类应包括安全生产会议台账、安全生产组织台账、安全生产教育培训台账、安全生产检查台账、隐患治理台账、事故报告与处理台账、事故应急预案台账、危险源台账、安技装备台账等。

2. 安全生产台账内容。每本台账需要记录什么内容，各生产经营单位要按照法定要求，结合实际进行设计，例如：安全生产教育培训台账需要记录教育培训的时间、内容、参加人员以及考核结果等情况；隐患治理台账需要记录隐患排查情况、整改措施、整改状态、整改负责人等。

三、法定要求

《中华人民共和国安全生产法》（节选）

第二十五条　生产经营单位应当对从业人员进行安全生产教育和培训，保证从业人员具备必要的安全生产知识，熟悉有关的安全生产规章制度和安全操作规程，掌握本岗位的安全操作技能，了解事故应急处理措施，知悉自身在安全生产方面的权利和义务。未经安全生产教育和培训合格的从业人员，不得上岗作业。

生产经营单位使用被派遣劳动者的，应当将被派遣劳动者纳入本单位从业人员统一管理，对被派遣劳动者进行岗位安全操作规程和安全操作技能的教育和培训。劳务派遣单位应当对被派遣劳动者进行必要的安全生产教育和培训。

生产经营单位接收中等职业学校、高等学校学生实习的，应当对实习学生进行相应的安全生产教育和培训，提供必要的劳动防护用品。学校应当协助生产经营单位对实习学生进行安全生产教育和培训。

生产经营单位应当建立安全生产教育和培训档案，如实记录安全生产教育和培训的时间、内容、参加人员以及考核结果等情况。

第三十三条　安全设备的设计、制造、安装、使用、检测、维修、改造和报废，应当符合国家标准或者行业标准。

生产经营单位必须对安全设备进行经常性维护、保养，并定期检测，保证正常运转。维护、保养、检测应当做好记录，并由有关人员签字。

第三十八条　生产经营单位应当建立健全生产安全事故隐患排查治理制度，采取技术、管理措施，及时发现并消除事故隐患。事故隐患排查治理情况应当如实记录，并向从业人员通报。

县级以上地方各级人民政府负有安全生产监督管理职责的部门应当建立健全重大事故隐患治理督办制度，督促生产经营单位消除重大事故隐患。

第四十三条 生产经营单位的安全生产管理人员应当根据本单位的生产经营特点，对安全生产状况进行经常性检查；对检查中发现的安全问题，应当立即处理；不能处理的，应当及时报告本单位有关负责人，有关负责人应当及时处理。检查及处理情况应当如实记录在案。

生产经营单位的安全生产管理人员在检查中发现重大事故隐患，依照前款规定向本单位有关负责人报告，有关负责人不及时处理的，安全生产管理人员可以向主管的负有安全生产监督管理职责的部门报告，接到报告的部门应当依法及时处理。

四、编写参考

××集团公司安全生产台账管理规定

第一条 为进一步加强安全生产管理基础工作，促进集团安全生产台账的标准化、规范化，特制定本规定。

第二条 集团需建立9本安全生产台账、1本安全档案和1本安全活动记录簿，即安全生产会议台账、安全生产组织台账、安全生产教育培训台账、安全生产检查台账、隐患治理台账、事故报告与处理台账、事故应急预案台账、安全重点部位（重点危险源）台账、安技装备台账、安全学习资料档案和安全活动记录簿。

各二级单位需建立12本安全生产台账、2本安全档案和1本安全活动记录簿，即安全生产会议台账、安全生产组织台账、安全生产教育培训台账、安全生产检查台账、隐患治理台账、事故报告处理台账、事故应急预案台账、劳动防护用品台账、消防台账、安全重点部位（重点危险源）台账、危险作业审批台账、安技装备台账、特殊工种人员档案、安全学习资料档案和安全活动记录簿。

各单位分厂（车间）需建立10本安全生产台账、2本安全档案和1本安全活动记录簿，即安全生产会议台账、安全生产教育培训台账、安全生产检查台账、隐患治理台账、事故应急预案台账、劳动防护用品台账、消防台账、安全重点部位（重点危险源）台账、危险作业审批台账、安技装备台账、特殊工种人员档案、安全学习资料档案和安全活动记录簿。

各单位班组需建立2本安全生产台账，即一本班前五分钟讲话台账和一本班组安全员日志台账。

台账要求填写规范、字迹清晰、保存完好。安全生产管理部门要定期检查与考核。

第三条 安全生产会议台账

各单位按要求填写会议名称、时间、地点、参加人员、主持人、主要内容等，主要记录本单位关于安全生产方面的会议（如厂安全员例会、安全生产例会等），尤其对安全生产文件的传达、学习和贯彻情况要详细填写。安全生产会议记录后要附参会人员签到表。

第四条 安全生产组织台账

集团安全生产组织台账要将安全生产委员会、安全生产组织网络、安全生产监督部门组成成员记入台账。

各二级单位安全生产组织台账要将安全生产领导小组、安全生产组织网络、安全生产监督部门组成成员记入台账。各单位安全生产系统人员变动，应及时记录在册，并向集团安全部报告备案。

第五条 安全生产教育培训台账

集团安全生产教育培训台账包括：①集团领导和管理人员安全生产教育培训情况；②安全生产管理人员安全生产教育培训情况；③新员工安全生产教育培训情况；④其他人员安全生产教育培训情况等。

各二级单位安全生产教育培训台账包括：①各单位领导和管理人员安全生产教育培训情况；②安全生产管理人员安全生产教育培训情况；③新员工入厂三级安全教育情况；④新员工三级安全教育卡；⑤特殊工种安全生产教育及培训考核情况；⑥外来施工人员安全生产教育培训情况；⑦其他人员安全生产教育培训情况等。

各分厂安全生产教育培训台账包括：①分厂领导及职工安全生产教育培训情况；②新员工入厂三级安全教育情况；③特殊工种安全生产教育及培训考核情况；④外来施工人员安全生产教育培训情况；⑤其他人员安全生产教育培训情况等。

安全生产教育培训台账记录要有教育培训时间、地点、培训人、被培训人、教育培训内容、考试时间、考试成绩等。考核试卷要存档。

第六条 安全生产检查台账

集团、各二级单位、分厂安全生产检查台账填写要求：检查单位填写安全生产检查记录单，记清检查时间、检查内容、检查人、检查出的问题，受检单位填写隐患整改反馈单，反馈所查出事故隐患的整改情况。安全生产检查中发现的隐患、问题、整改要求及整改复查情况均应按要求如实填写。集团各部室安全生产检查记录单在集团安全部存档，各二级单位安全生产检查记录单在安全管理部门存档。

第七条　隐患治理台账

事故隐患治理应按集团、各二级单位、分厂实行分级管理，不论级别和资金来源，均应在隐患治理台账中填写，要有隐患名称、隐患所在单位、存在部位、整改前临时防范措施、整改方案（方案要具体）、完成进度、负责人、计划完成时间、实际完成时间。隐患整改要严格按照"五定"原则进行（即定临时防范措施、定整改方案、定负责人、定整改时间、定资金来源）。各个单位每月进行事故隐患登记并上报。

第八条　事故报告与处理台账

集团、各二级单位、分厂事故报告与处理台账要根据"公司五项安全责任书"中事故损失大小，分别记录所发生的各类事故，包括火灾、爆炸、设备、生产、交通、人身、质量和其他事故。要记录事故发生所在部门、发生日期、事故类别、事故经过，并严格按照"四不放过"原则进行事故原因及责任分析，详细填写应吸取的教训、采取的防范措施和处理意见等，人身事故要将当事人姓名、性别、年龄、工种、工龄及事故概况等记入台账。

第九条　事故应急预案台账

记录本单位各类应急事故预案以及预案演练情况。

第十条　安全重点部位（重点危险源）台账

安全重点部位、重点危险源是指生产过程中可能导致伤害或疾病、财产损失、工作环境破坏或这些情况组合的根源或状态，并且需要重点监控的部位或危险源。

各单位根据生产特点填写安全重点部位、重点危险源登记表，并保证每周至少检查一次，记录在案。各单位重点部位、重点危险源要每季度进行上报。

第十一条　危险作业审批台账

危险作业是指对作业人员本身和周围人员、设备及设施等具有较大的危险性，可能引发安全事故的作业活动。集团的危险作业一般包括有限空间作业、占道作业、动火作业、临时用电作业、高处作业、吊装作业、动土作业、设备检修作业、其他符合危险作业定义的作业等。各单位（包括外施单位）从事危险作业时必须填写危险作业审批表，审批合格后方可作业。

第十二条　消防台账

建立各类消防设施设备登记台账，记录消防设施设备变更情况。各单位要将各类消防设施设备位置图存入消防台账中。

第十三条　劳动防护用品台账

劳动防护用品主要记录个人劳动防护用品情况，记录发放明细及主要属性，领取人要在发放明细单上签字，不得代签。

第十四条　安技装备台账

建立特种设备、毒气监测仪（在线监测、手持式）、呼吸器、公共类劳动防护用品等登记台账，记录安技设施变更情况。

第十五条　特殊工种人员档案

记录特殊工种人员姓名、工种、年龄、本岗位工龄、性别、取证时间、参加培训情况及复审考试情况等。

第十六条　安全学习资料档案

保存下发的上级各种文件、安全会议材料及安全试题库、安全考试卷、安全通报等学习资料。

第十七条　安全活动记录簿

安全活动记录要内容齐全，填写参加人数、参加领导、活动内容、发言情况、领导签字等。

安全活动内容包括：①学习安全生产文件、规章制度；②学习安全技术知识、职业卫生知识；③结合事故案例，讨论分析典型事故，总结吸取事故教训；④检查安全生产规章制度执行情况和消除事故隐患；⑤召开安全生产座谈会等。

第十八条　班前五分钟讲话台账

班前五分钟讲话要紧密结合生产班组实际，主要内容包括：①针对当天生产任务的特点，对生产中可能发生的危险及预防措施进行讨论；②对上一班曾发生的违章行为予以纠正处理及警示教育；③及时提醒班组成员在工作中应注意的安全事项；④传达上级有关安全生产的工作指示及文件精神；⑤总结企业内外近期发生的伤亡事故教训及本班组预防类似事故的对策，达到"举一反三"的作用，确保生产安全；⑥督促、检查班组成员劳动防护用品穿戴、上岗证佩戴等情况。

第十九条　班组安全员日志台账

班组安全员执行每日安全生产检查制度，并将班组执行有关安全生产的各项规章制度，班组人员合理使用劳动防护用品和各种安全防护装置、消防器材，检查出的安全隐患，隐患整改进度，班组安全活动等记入班组安全员日志。

第二十条 集团各业务主管部门应根据业务需要建立相应的安全生产台账。

第二十一条 以上各项安全生产台账保存期限为两年。

第二十二条 本规定由集团安全部负责解释。

第二十三条 本规定自××××年××月××日起施行。

第八节　劳动防护用品管理制度编制要点

劳动防护用品是指由各生产经营单位为职工配备的，使其在劳动过程中免遭或者减轻事故伤害及职业危害的个人防护装备。正确使用劳动防护用品是保障作业人员安全与健康的辅助性、预防性措施。劳动防护用品管理制度是为规范劳动防护用品的使用和管理而制定的一项制度。

一、主要依据

- 《中华人民共和国安全生产法》
- 《中华人民共和国职业病防治法》
- 《用人单位劳动防护用品管理规范》

二、主要要素

1. 制度编制时总体内容应涵盖劳动防护用品选择、采购、发放、培训与使用、维护与保养、更换与报废等方面的内容。

2. 在劳动防护用品发放范围上不仅要包含在岗员工，还应当给实习学生提供必要的劳动防护用品。

3. 具体配备哪些劳动防护用品，各生产经营单位应结合本单位存在的职业危害，按照相关标准来确定。在领用单上一定要有签字记录。

三、法定要求

1. 《中华人民共和国安全生产法》（节选）

第二十五条　生产经营单位应当对从业人员进行安全生产教育和培训，保证从业人员具备必要的安全生产知识，熟悉有关的安全生产规章制度和安全操作规程，掌握本岗位的安全操作技能，了解事故应急处理措施，知悉自身在安全生产方面的权利和义务。未经安全生产教育和培训合格的从业人员，不得上岗作业。

生产经营单位使用被派遣劳动者的，应当将被派遣劳动者纳入本单位从业人员统一管理，对被派遣劳动者进行岗位安全操作规程和安全操作技能的教育和培训。劳务派遣单位应当对被派遣劳动者进行必要的安全生产教育和培训。

生产经营单位接收中等职业学校、高等学校学生实习的，应当对实习学生进行相应的安全生产教育和培训，提供必要的劳动防护用品。学校应当协助生产经营单位对实习学生进行安全生产教育和培训。

第四十二条　生产经营单位必须为从业人员提供符合国家标准或者行业标准的劳动防护用品，并监督、教育从业人员按照使用规则佩戴、使用。

第四十四条　生产经营单位应当安排用于配备劳动防护用品、进行安全生产培训的经费。

第五十四条　从业人员在作业过程中，应当严格遵守本单位的安全生产规章制度和操作规程，服从管理，正确佩戴和使用劳动防护用品。

2. 《中华人民共和国职业病防治法》（节选）

第二十二条　用人单位必须采用有效的职业病防护设施，并为劳动者提供个人使用的职业病防护用品。

用人单位为劳动者个人提供的职业病防护用品必须符合防治职业病的要求；不符合要求的，不得使用。

第三十四条　用人单位的主要负责人和职业卫生管理人员应当接受职业卫生培训，遵守职业病防治法律、法规，依法组织本单位的职业病防治工作。、

用人单位应当对劳动者进行上岗前的职业卫生培训和在岗期间的定期职业卫生培训，普及职业卫生知识，督促劳动者遵守职业病防治法律、法规、规章和操作规程，指导劳动者正确使用职业病防护设备和个人使用的职业病防护用品。

劳动者应当学习和掌握相关的职业卫生知识，增强职业病防范意识，遵守职业病防治法律、法规、规章和操作规程，正确使用、维护职业病防护设备和个人使用的职业病防护用品，发现职业病危害事故隐患应当及时报告。

劳动者不履行前款规定义务的，用人单位应当对其进行教育。

3. 《用人单位劳动防护用品管理规范》（节选）

第四条 劳动防护用品是由用人单位提供的，保障劳动者安全与健康的辅助性、预防性措施，不得以劳动防护用品替代工程防护设施和其他技术、管理措施。

第五条 用人单位应当健全管理制度，加强劳动防护用品配备、发放、使用等管理工作。

第六条 用人单位应当安排专项经费用于配备劳动防护用品，不得以货币或者其他物品替代。该项经费计入生产成本，据实列支。

第七条 用人单位应当为劳动者提供符合国家标准或者行业标准的劳动防护用品。使用进口的劳动防护用品，其防护性能不得低于我国相关标准。

第八条 劳动者在作业过程中，应当按照规章制度和劳动防护用品使用规则，正确佩戴和使用劳动防护用品。

第九条 用人单位使用的劳务派遣工、接纳的实习学生应当纳入本单位人员统一管理，并配备相应的劳动防护用品。对处于作业地点的其他外来人员，必须按照与进行作业的劳动者相同的标准，正确佩戴和使用劳动防护用品。

第十条 劳动防护用品分为以下十大类：

（一）防御物理、化学和生物危险、有害因素对头部伤害的头部防护用品。

（二）防御缺氧空气和空气污染物进入呼吸道的呼吸防护用品。

（三）防御物理和化学危险、有害因素对眼面部伤害的眼面部防护用品。

（四）防噪声危害及防水、防寒等的听力防护用品。

（五）防御物理、化学和生物危险、有害因素对手部伤害的手部防护用品。

（六）防御物理和化学危险、有害因素对足部伤害的足部防护用品。

（七）防御物理、化学和生物危险、有害因素对躯干伤害的躯干防护用品。

（八）防御物理、化学和生物危险、有害因素损伤皮肤或引起皮肤疾病的护肤用品。

（九）防止高处作业劳动者坠落或者高处落物伤害的坠落防护用品。

（十）其他防御危险、有害因素的劳动防护用品。

第十一条　用人单位应按照识别、评价、选择的程序（见附件1），结合劳动者作业方式和工作条件，并考虑其个人特点及劳动强度，选择防护功能和效果适用的劳动防护用品。

（一）接触粉尘、有毒、有害物质的劳动者应当根据不同粉尘种类、粉尘浓度及游离二氧化硅含量和毒物的种类及浓度配备相应的呼吸器（见附件2）、防护服、防护手套和防护鞋等。具体可参照《呼吸防护用品　自吸过滤式防颗粒物呼吸器》（GB 2626）、《呼吸防护用品的选择、使用及维护》（GB/T 18664）、《防护服装　化学防护服的选择、使用和维护》（GB/T 24536）、《手部防护　防护手套的选择、使用和维护指南》（GB/T 29512）和《个体防护装备　足部防护鞋（靴）的选择、使用和维护指南》（GB/T 28409）等标准。

（二）接触噪声的劳动者，当暴露于 80 dB≤LEX，8 h<85 dB 的工作场所时，用人单位应当根据劳动者需求为其配备适用的护听器；当暴露于 LEX，8 h≥85 dB 的工作场所时，用人单位必须为劳动者配备适用的护听器，并指导劳动者正确佩戴和使用。具体可参照《护听器的选择指南》（GB/T 23466）。

（三）工作场所中存在电离辐射危害的，经危害评价确认劳动者需佩戴劳动防护用品的，用人单位可参照电离辐射的相关标准及《个体防护装备配备基本要求》（GB/T 29510）为劳动者配备劳动防护用品，并指导劳动者正确佩戴和使用。

（四）从事存在物体坠落、碎屑飞溅、转动机械和锋利器具等作业的劳动者，用人单位还可参照《个体防护装备选用规范》（GB/T 11651）、《头部防护　安全帽选用规范》（GB/T 30041）和《坠落防护装备安全使用规范》（GB/T 23468）等标准，为劳动者配备适用的劳动防护用品。

第十二条　同一工作地点存在不同种类的危险、有害因素的，应当为劳动者同时提供防御各类危害的劳动防护用品。需要同时配备的劳动防护用品，还应考虑其可兼容性。

劳动者在不同地点工作，并接触不同的危险、有害因素，或接触不同的危害程度的有害因素的，为其选配的劳动防护用品应满足不同工作地点的防护需求。

第十三条　劳动防护用品的选择还应当考虑其佩戴的合适性和基本舒适性，根据个人特点和需求选择适合号型、式样。

第十四条 用人单位应当在可能发生急性职业损伤的有毒、有害工作场所配备应急劳动防护用品，放置于现场临近位置并有醒目标识。

用人单位应当为巡检等流动性作业的劳动者配备随身携带的个人应急防护用品。

第十五条 用人单位应当根据劳动者工作场所中存在的危险、有害因素种类及危害程度、劳动环境条件、劳动防护用品有效使用时间制定适合本单位的劳动防护用品配备标准（见附件3）。

第十六条 用人单位应当根据劳动防护用品配备标准制订采购计划，购买符合标准的合格产品。

第十七条 用人单位应当查验并保存劳动防护用品检验报告等质量证明文件的原件或复印件。

第十八条 用人单位应当按照本单位制定的配备标准发放劳动防护用品，并做好登记（见附件4）。

第十九条 用人单位应当对劳动者进行劳动防护用品的使用、维护等专业知识的培训。

第二十条 用人单位应当督促劳动者在使用劳动防护用品前，对劳动防护用品进行检查，确保外观完好、部件齐全、功能正常。

第二十一条 用人单位应当定期对劳动防护用品的使用情况进行检查，确保劳动者正确使用。

第二十二条 劳动防护用品应当按照要求妥善保存，及时更换。

公用的劳动防护用品应当由车间或班组统一保管，定期维护。

第二十三条 用人单位应当对应急劳动防护用品进行经常性的维护、检修，定期检测劳动防护用品的性能和效果，保证其完好有效。

第二十四条 用人单位应当按照劳动防护用品发放周期定期发放，对工作过程中损坏的，用人单位应及时更换。

第二十五条 安全帽、呼吸器、绝缘手套等安全性能要求高、易损耗的劳动防护用品，应当按照有效防护功能最低指标和有效使用期，到期强制报废。

第二十七条 煤矿劳动防护用品的管理，按照《煤矿职业安全卫生个体防护用品配备标准》（AQ 1051）规定执行。

附件1、附件2、附件3、附件4（此处略）

四、编写参考

××集团公司劳动防护用品管理细则

第一章　总　　则

第一条　为了加强集团劳动防护用品的使用和管理，保障集团职工在劳动过程中的安全与健康，依据《中华人民共和国安全生产法》《中华人民共和国职业病防治法》和《用人单位劳动防护用品管理规范》等法律、法规、规章和规范性文件，结合集团实际，制定本细则。

第二条　本细则适用于集团本部及所属分公司（以下统称各单位）劳动防护用品的使用和管理，子公司参照执行。

第三条　本细则所称劳动防护用品，是指由各单位为职工配备的，使其在劳动过程中免遭或者减轻事故伤害及职业危害的个人防护装备。正确使用劳动防护用品是保障作业人员安全与健康的辅助性、预防性措施，不得以劳动防护用品替代工程防护设施和其他技术、管理措施。

第四条　各单位应当安排专项经费用于配备劳动防护用品，不得以货币或者其他物品替代。劳动防护用品不作为改善生活条件的福利待遇，不得任意扩大配备范围，增添项目，提高标准，缩短时限。

第五条　各单位使用的劳务派遣工、接纳的实习学生应当纳入本单位人员统一管理，并配备相应的劳动防护用品。对处于作业地点的其他外来人员，必须按照与进行作业的作业人员相同的标准，正确佩戴和使用劳动防护用品。

第二章　劳动防护用品的责任部门

第六条　各单位应明确负责劳动防护用品采购、验收、发放与管理的责任部门。

第七条　各单位应建立健全劳动防护用品的采购、验收、保管、发放、使用、更换、报废等管理制度。

第八条　各单位应根据本单位实际制定劳动防护用品的发放标准，确定劳动防护用品的发放种类、周期，明确需发放劳动防护用品的人员名单，并按标准发放。

第三章　劳动防护用品的选择

第九条　劳动防护用品分为以下十大类：

（一）防御物理、化学和生物危险、有害因素对头部伤害的头部防护用品。

（二）防御缺氧空气和空气污染物进入呼吸道的呼吸防护用品。

（三）防御物理和化学危险、有害因素对眼面部伤害的眼面部防护用品。

（四）防噪声危害及防水、防寒等的听力防护用品。

（五）防御物理、化学和生物危险、有害因素对手部伤害的手部防护用品。

（六）防御物理和化学危险、有害因素对足部伤害的足部防护用品。

（七）防御物理、化学和生物危险、有害因素对躯干伤害的躯干防护用品。

（八）防御物理、化学和生物危险、有害因素损伤皮肤或引起皮肤疾病的护肤用品。

（九）防止高处作业劳动者坠落或者高处落物伤害的坠落防护用品。

（十）其他防御危险、有害因素的劳动防护用品。

第十条 各单位应按照相关法规要求，结合作业人员的作业方式和工作条件，并考虑其个人特点及劳动强度，选择防护功能和效果适用的劳动防护用品。

（一）接触粉尘、有毒、有害物质的作业人员应当根据不同粉尘种类、粉尘浓度及游离二氧化硅含量和毒物的种类及浓度配备相应的呼吸器、防护服、防护手套和防护鞋等。具体可参照《呼吸防护用品　自吸过滤式防颗粒物呼吸器》（GB 2626）、《呼吸防护用品的选择、使用及维护》（GB/T 18664）、《防护服装　化学防护服的选择、使用和维护》（GB/T 24536）、《手部防护　防护手套的选择、使用和维护指南》（GB/T 29512）和《个体防护装备　足部防护鞋（靴）的选择、使用和维护指南》（GB/T 28409）等标准。

工作场所存在高毒物品目录中的确定人类致癌物质，当浓度达到其 1/2 职业接触限值（PC-TWA 或 MAC）时，各单位应为作业人员配备相应的劳动防护用品，并指导作业人员正确佩戴和使用。

（二）接触噪声的作业人员，当暴露于 80 dB≤LEX，8 h＜85 dB 的工作场所时，各单位应当根据作业人员需求为其配备适用的护听器；当暴露于 LEX，8 h≥85 dB 的工作场所时，各单位必须为作业人员配备适用的护听器，并指导作业人员正确佩戴和使用。具体可参照《护听器的选择指南》（GB/T 23466）。

（三）工作场所中存在电离辐射危害的，经危害评价确认作业人员需佩戴劳动防护用品的，各单位可参照电离辐射的相关标准及《个体防护装备配备基本要求》（GB/T

29510）为作业人员配备劳动防护用品，并指导作业人员正确佩戴和使用。

（四）从事存在物体坠落、碎屑飞溅、转动机械和锋利器具等作业的作业人员，各单位可参照《个体防护装备选用规范》（GB/T 11651）、《头部防护　安全帽选用规范》（GB/T 30041）和《坠落防护装备安全使用规范》（GB/T 23468）等标准，为作业人员配备适用的劳动防护用品。

第十一条　同一工作地点存在不同种类的危险、有害因素的，应当为作业人员同时提供防御各类危害的劳动防护用品。需要同时配备的劳动防护用品，还应考虑其可兼容性。

作业人员在不同地点工作，并接触不同的危险、有害因素，或接触不同的危害程度的有害因素的，为其选配的劳动防护用品应满足不同工作地点的防护需求。

第十二条　劳动防护用品的选择还应当考虑其佩戴的合适性和基本舒适性，根据个人特点和需求选择适合号型、式样。

第十三条　各单位应当在可能发生急性职业损伤的有毒、有害工作场所配备应急劳动防护用品，放置于现场临近位置并有醒目标识。

各单位应当为巡检等流动性作业的作业人员配备随身携带的个人应急防护用品。

第四章　劳动防护用品的采购、验收、发放

第十四条　各单位应根据作业人员工作场所中存在的危险、有害因素种类及危害程度、劳动环境条件、劳动防护用品有效使用时间制定适合本单位的劳动防护用品配备标准，做好劳动防护用品的采购、验收、发放工作，并定期统计本单位劳动防护用品的需求，审核后列入下次采购计划。

第十五条　各单位购买的劳动防护用品必须符合国家或行业标准要求，鼓励采购和使用获得安全标志的劳动防护用品；购买的劳动防护用品须经本单位安全生产管理部门查验并保存劳动防护用品检验报告等质量证明文件的原件或复印件。

第十六条　各单位应详细记录劳动防护用品的发放情况，记录中明确各种劳动防护用品的主要属性，领取人须在发放明细表上签字，不得代签。

第十七条　国家对劳动防护用品标准中没有规定，因工作中特殊需要的防护用品，由责任部门提出，各单位主管领导批准后，执行集团采购相关规章制度。

第五章　劳动防护用品的管理

第十八条　劳动防护用品在使用前，职工应对其防护功能进行检查，并按照安全

生产规章制度和劳动防护用品使用规则，正确佩戴和使用劳动防护用品；未按规定佩戴和使用劳动防护用品的，不得上岗作业。

第十九条 各单位应当对劳动者进行劳动防护用品的使用、维护等专业知识的培训，同时应当定期对劳动防护用品的使用情况进行检查。

第二十条 各单位应对应急劳动防护用品进行经常性的维护、检修，定期检测劳动防护用品的性能和效果，保证其完好有效。

第二十一条 公用或备用的劳动防护用品，由各单位指定专人领取和保管，任何人不得据为己有；个人劳动防护用品由使用人妥善保管；对非因工造成劳动防护用品损失的，由个人自行配购符合安全生产要求的劳动防护用品。

第二十二条 安全帽、呼吸器、绝缘手套等安全性能要求高、易损耗的劳动防护用品，应当按照有效防护功能最低指标和有效使用期，到期强制报废。绝缘手套和绝缘鞋除按期更换外，还应做到每次使用前做绝缘性能的检查和每半年做一次绝缘性能复测。

第六章 附 则

第二十三条 本细则由安全部负责解释。

第二十四条 本细则自××××年××月××日起施行。

第九节 相关方安全管理制度编制要点

相关方一般是指与公司具有一定合同关系、服务关系的生产经营单位和外来单位的人员，在公司区域内进行施工、设备安装维修、供货服务、物流服务、劳务服务、参访者等外来协作的单位及人员。各生产经营单位在生产经营过程中都或多或少存在相关方，对于相关方的安全管理不可忽视。相关方安全管理制度是从资质审核、责任区分、日常监管等方面系统地规范相关方安全管理的一项重要管理制度。

一、主要依据

《中华人民共和国安全生产法》

二、主要要素

1. 要明确安全资格审查内容。生产经营单位应结合本单位业务确定对相关方需要审核的内容。需要提醒的是审查不仅仅是常规各类资质证件的审查，还应对其是否具备安全作业能力的软实力进行审核。

2. 要规范相关方管理流程。在制度编制时要结合实际梳理出整个相关方作业前、作业中、作业后全生命周期的安全管控节点。每个节点都要明确责任人，环环相扣。

3. 在制度编制时要充分考虑相关方人员变化、设备设施变化等情况的安全管控措施。

4. 要重点编制安全生产管理协议作为制度的补充，进一步明确双方的安全生产职责。

三、法定要求

《中华人民共和国安全生产法》（节选）

第四十五条　两个以上生产经营单位在同一作业区域内进行生产经营活动，可能危及对方生产安全的，应当签订安全生产管理协议，明确各自的安全生产管理职责和应当采取的安全措施，并指定专职安全生产管理人员进行安全检查与协调。

第四十六条　生产经营单位不得将生产经营项目、场所、设备发包或者出租给不具备安全生产条件或者相应资质的单位或者个人。

生产经营项目、场所发包或者出租给其他单位的，生产经营单位应当与承包单位、承租单位签订专门的安全生产管理协议，或者在承包合同、租赁合同中约定各自的安全生产管理职责；生产经营单位对承包单位、承租单位的安全生产工作统一协调、管理，定期进行安全检查，发现安全问题的，应当及时督促整改。

四、编写参考

××公司相关方安全管理制度

1　范围

本制度规定了公司外包工程相关方及临时用工管理、流程和组织机构的制订、颁发、实施和修订的内容与要求。

2 术语和定义

下列术语和定义适应于本制度。

2.1 相关方

与企业安全绩效相关联或受其影响的团体或个人,如:承包商、供应商等。

2.2 电力生产工作

电力生产工作是指发电、输变电、检修、试验、技改、建设等有关的生产性工作,如电力设备(设施)的运行、检修维护、施工安装、试验、生产性管理工作以及电力设备的更新改造、化学、输煤、除灰、脱硫、脱硝运行和检修等工作。

2.3 外包工程

外包工程是指生产或非生产设备、设施及系统运营、检修、维护、技改、试验等需要外委的项目。

2.4 三证一照

三证一照指安全生产许可证、资质证书、法人代表资格证书、营业执照。

2.5 安全资质审查内容

2.5.1 安全生产许可证、资质证书、法人代表资格证书、营业执照。

2.5.2 特种作业人员证书及特种设备检验合格证书。

2.5.3 施工负责人、工程技术人员和工人的等级证书。

2.5.4 施工简历和近3年安全施工记录。

2.5.5 具有两级机构的承包方是否有专职安全生产管理机构;施工队伍超过30人的是否配有专职安全员,30人以下的是否设有兼职安全员,承包方负责人和安全专职管理人员是否持有政府安全生产监督管理局颁发的相关资格证书。

2.5.6 施工机械、安全工器具、仪器仪表等检验合格记录。

2.5.7 施工方案,包括组织措施、技术措施、安全措施。

2.5.8 施工人员安全生产教育培训考试合格档案。

2.5.9 高空作业等特殊作业人员一年内体检报告。

3 职责

3.1 安全生产监督机构

3.1.1 安全生产监督机构是指外包工程安全生产监督归口管理部门,负责对外包工程进行安全生产监督、检查、考核。

3.1.2 审查外包施工队伍安全资质（三证一照）。

3.1.3 负责外包队伍入厂公司级安全生产教育。

3.1.4 参与外包工程项目安全验收及后评价。

3.2 用工部门

3.2.1 用工部门是指所负责外包工程项目直接管理部门，在工程安全、质量、进度等方面负全面责任。

3.2.2 负责向招标管理部门提供符合安全资质要求的供外包单位名单。

3.2.3 负责审核外包施工队伍安全生产条件（施工工器具、人员技能、特种作业证等安全资质审查内容中除"三证一照"以外内容）。

3.2.4 负责外包施工队伍安全生产教育培训与考试。

3.2.5 负责对外包施工队伍进行安全技术交底和危险性生产区域安全告知。

3.2.6 负责编制或审查安全施工方案或措施。

3.2.7 负责组织对外包工程项目进行安全验收及后评价。

3.3 综合部

3.3.1 负责审查外来施工人员身份证明。

3.3.2 办理厂区人员、车辆出入证。

3.4 承包方

3.4.1 负责按照发包方要求提供相关材料，并接受资质和条件审查。

3.4.2 配合发包方做好安全技术交底工作，了解所承包工程的生产和工艺流程，对作业现场可能的危险因素进行分析；组织全体施工人员认真学习并做好档案记录。

3.4.3 开工前，按照与发包方签订的安全协议，认真制定确保施工安全的组织措施、安全措施和技术措施，经发包方审核批准后组织落实。

3.4.4 承包方不得擅自将工程转包或分包，严禁返包，即承包方将工程的某些具体工作交由发包方的部门、班组或个人完成。施工单位在工作中遇有特殊情况确实需要由发包方配合完成的工作，需书面提出申请，经公司领导批准后，指派有关部门、班组完成。

3.4.5 承包方施工队伍在施工过程中不得擅自更换工程技术管理人员、工作负责人、安全生产管理人员以及关系到施工安全及质量的特种作业人员。特殊情况需要换人时须征得发包方的同意，并重新办理入厂手续。

3.4.6 现场施工前，必须明确工作负责人。对零星工程施工项目，实行工作票双负责人制度，共同办理工作票。即承包方和发包方各派一名工作负责人参与现场全过程管理。用工部门工作负责人对现场作业安全措施是否执行到位、施工人员是否在指定的时间、区域内工作负责；承包方负责人对施工作业的现场组织、协调和作业人员的安全行为负责。

3.4.7 现场施工中，必须严格执行《电业安全工作规程》《电力建设安全工作规程》《公司电力安全生产工作规定》和安全协议要求的安全、消防、治安及文明生产的有关规定。

3.4.8 承包方必须自觉接受发包方的安全生产监督、管理和指导，对发包方提出的技术和安全方面的意见必须及时整改；发生人身事故或危及设备的不安全情况，除按规定逐级上报外还必须立即报告发包方。

3.4.9 承包方在开工前要向发包方交纳合同价的5%作为安全生产保证金。承包方因违章作业造成设备停运、损坏，火灾及人身伤亡等影响安全生产的事件，必须接受发包方的处罚。对于情节严重的，发包方有权停止执行该项工程合同。

3.4.10 承包方在办理手续时，需提供作业人员的名册，注明所有作业人员的年龄、文化程度、身体健康状况等；提供施工机械、安全工器具及劳动防护用品清单。

3.4.11 承包方不得使用童工；非特殊技术性的工作，工作人员年龄不得超过55岁；所有工作人员不得有电力生产的职业禁忌证。从事电气工作有关的人员要具备必要的电气知识，并掌握紧急救护技能；特种作业人员，必须经过有关部门的安全技术培训，并通过考核取得相应的证件，持证上岗。

4 管理内容与方法

4.1 管理原则

4.1.1 谁用工、谁管理、谁负责，禁止以"包"代管、以"罚"代管。

4.1.2 对发包工程必须在依法签订合同的同时签订安全协议；安全协议必须经双方法人代表或其授权的委托人签字，盖上有效印章，与合同具有同等法律效力。

4.1.3 严禁不满足资质、不符合条件要求的承包单位进入生产现场作业。

4.1.4 外包工程中发生生产事故，不论事故原因，必须按照《公司电力事故调查规程》的要求，及时逐级上报。

4.1.5 严禁承包单位手续不全而进入现场作业，一经发现则追究责任部门的管理责任，并以管理违章论处。

4.2 管理内容

4.2.1 安全、保卫管理

4.2.1.1 由保卫管理部门负责办理外包单位人员进出厂区手续及进出厂区安全事项告知。

4.2.1.2 安全生产监督机构对外包单位进行公司级安全生产教育。

4.2.1.3 用工部门根据承包方提供的员工花名册，审查施工人员的健康情况是否符合本制度的要求；在承包方教育培训的基础上组织对承包方负责人、工程技术人员、员工进行包括安规、消防、治安等内容的安全生产教育培训和考试，并建立相应台账。经培训考试合格后，根据不同的作业区域、作业内容，核发生产区域准入证，外包作业人员持证进入核定区域作业。必要时，提供有关安全生产的规程、制度和要求。

4.2.1.4 用工部门审核外包施工队伍安全生产条件，审查安全施工方案或措施，对外包施工队伍进行安全技术交底和危险性生产区域安全告知。内容包括施工区域内地下供水、排水、供气、供热管道、电缆布置等，根据承包工程的生产和工艺流程的特点，分析作业现场、作业过程中可能存在的危险因素和风险辨识，有针对性地制定控制措施，填写"外包工程安全技术措施交底卡"，在全体外包作业人员学习、掌握、签名后，报安全生产监督机构审核后存档备查。审查所管理范围内的外包工程工作负责人、工程技术人员和工人的技术素质是否满足工程要求。

4.2.1.5 开工前预留不低于工程合同价款的 5％ 作为安全生产保证金。

4.2.1.6 对承包单位的考核费用从安全生产保证金中扣除，当安全生产保证金扣至零时，承包单位必须停工整顿，并重新交纳与原数额相等的安全生产保证金后方可允许继续施工。

4.2.1.7 发生承包单位责任的人身事故、设备事故，安全生产保证金扣除 100％。

4.2.1.8 对安全生产工作有突出贡献的承包单位及个人，发包单位给予奖励，对发现事故隐患采取措施而避免重大事故的承包单位和个人予以重奖。

4.2.2 施工过程管控

4.2.2.1　用工部门负责对承包单位的违章、违规行为进行检查、考核，并书面通知承包单位。

4.2.2.2　用工部门负责提出确保现场施工安全的安全措施、组织措施、技术措施的要求。

4.2.2.3　用工部门负责明确外包工程的项目负责人，指定设备维护部门外包工程监护人员。

4.2.2.4　用工部门负责协调外包工程的工作票办理以及与生产相关事宜。

4.2.2.5　用工部门负责在有危险性的电力生产区域内作业开工前，要求承包方做好危险点分析，并制订施工"三措"（组织措施、技术措施、安全措施），审核批准后，报安全生产监督机构存档备案并组织承包方实施。

4.2.2.6　用工部门负责在同一区域或系统，有两个及以上承包单位施工时，协调组织各外包队伍明确各自的安全生产责任并签订书面协议作为工程的附件。

4.2.2.7　外包工程的现场管理重点：是否严格执行工作票制度，是否严格执行双负责人制度，是否实行区域准入制度，作业人员作业行为是否规范、是否有违章现象，安全工器具、起重用具、劳动防护用品是否按规定检验和规范、正确使用，安全措施、物理隔离措施、防护措施是否落实、齐全、完备，交叉作业是否做好协调、管理等。

4.2.2.8　发包工程的现场管理由用工部门总体负责。用工部门负责该项工程的专业管理人员严格按照要求和各自安全生产职责，认真履行现场管理和监护责任。

4.2.2.9　执行"七不准"标准：有安全隐患的设备不准进入现场，有安全隐患的机械不准进入现场，有安全隐患的材料不准进入现场，不符合要求的施工队伍不准进入现场，安全培训考试不合格及身体健康不符合要求的人员不准进入现场，不完善的施工措施不准审批实施，有安全隐患的区域未采取有效措施不准施工。

4.2.2.10　加强施工作业现场安全生产监督，禁止"以包代管"。公司高管要定期召开施工安全生产协调会议，研究解决施工过程中存在的安全隐患。

4.2.2.11　对于工期较长的发包工程，用工部门、安全生产监督管理部门必须划分各自职责，结合工程进度、风险转变、人员变动等实际情况，定期对发包工程作业现场进行全面隐患排查。

4.2.2.12　对于机组A、B级检修及重大技改的发包项目，聘请监理单位的，发包方、承包方编制的组织措施、技术措施、安全措施必须经过监理签字认可，在开工前对措施是否执行到位进行签字确认，在作业全过程中对施工现场施工机械、装置、作业环境、人员行为等方面进行监督管理，并据此提出考核、整改、停工建议。

4.2.3　安全生产监督机构

4.2.3.1　安全生产监督机构对外包工程负监督责任，并对用工部门安全生产管理进行监督。监督检查执行控股、事业部、分公司及公司关于外包工程管理规定的执行情况，并提出整改建议和考核意见。

4.2.3.2　安全生产监督机构负责对用工部门管理人员、承包单位工作负责人的职责落实情况进行监督、检查、考核。安全生产监察人员应经常深入外包作业现场，重点区域重点监督；及时指出发包工程现场安全设施、作业环境、安全工器具、起重机械、个人防护用品等存在的事故隐患；及时制止纠正违章行为，根据情节轻重，对承包单位分别给予批评、警告、处罚、停工整顿、解除合同处理；对公司内人员分别给予批评、警告、考核、曝光、下岗处理。

4.2.3.3　对不服从安全管理、野蛮施工、管理混乱的承包单位，由安全生产监督机构发出停工整改令，令其停工整改，直至整改合格方可复工；在同一项目中发生两次停工整改令，立即终止合同，勒令承包单位退场。

4.2.4　验收及后评价

4.2.4.1　外包工程结束后由用工部门组织工程验收及后评价。

5　报告与记录

公司安全生产监督机构负责对相关方管理制度的跟踪、记录、报告。

6　检查与考核

每年由安全生产监督机构对照本标准进行自查，并牵头组织整改。

附录 A

安全生产协议书

发包单位：_____（甲方）

承包单位：_____（乙方）

甲方将本工程项目发包给乙方。为贯彻"安全第一、预防为主、综合治理"的方针，根据国家和地方有关规定，明确双方的安全生产责任，确保安全，双方在签订工程合同的同时，签订本协议。

1 承包工程项目

1.1 工程项目名称：_____

1.2 工程地点：_____

2 工程项目期限

本工程自____年____月____日起开工至____年____月____日完工。

3 协议内容

3.1 总体要求

3.1.1 甲乙双方必须认真贯彻国家、上级安全生产主管部门颁发的有关安全生产、消防、职业健康工作的方针、政策，严格执行有关劳动保护的法律、条例、规定。

3.1.2 甲乙双方都应建立健全安全生产管理组织体系、安全生产监督体系，健全包括主管领导在内的各级人员安全生产责任制。

3.1.3 乙方应有各工种的安全操作规程、特种作业人员的审证考核制度、定期安全生产检查制度、安全生产教育培训制度等。

3.1.4 乙方有关领导及安全生产管理人员应取得地方安全生产监督管理部门颁发的安全管理资格证，必须认真对本单位的职工进行安全生产法规、制度及安全技术和知识教育，增强法治观念，提高职工的安全生产意识和自我保护能力，督促职工自觉遵守安全生产纪律、制度和法律法规。

3.1.5 乙方向甲方交纳工程合同价5％的安全生产保证金，最低应不低5 000元，最高50万元。甲方对乙方的安全生产考核费用从安全生产保证金中扣除，当安全生产保证金扣至零时，乙方必须停工整顿，并重新交纳与原数额相等的安全生产保证金后方可允许继续施工。

3.2 施工前要求

3.2.1 双方要认真勘查现场，乙方按照甲方要求编制施工组织方案，并制订有针对性的安全技术措施计划，严格按照施工组织方案和有关安全要求施工。

3.2.2 甲方应对乙方的行政负责人、技术负责人、安全负责人进行安全技术交底，介绍甲方有关安全生产管理制度、规定和要求。

3.2.3 乙方应针对工作的特点及危险因素对所有施工人员进行安全生产教育、安全技术交底和培训，并经考试合格。甲方对所有人员按其所从事的专业分别组织进行安全操作规程及甲方安全管理制度的有关条款的学习，并经考试合格后方允许其上岗工作。

3.2.4 乙方应根据工程项目内容和特点,对于危险作业(挖掘、脚手架使用拆装、动火、起重、密闭空间作业等),做好安全技术措施交底并全员签名,留存书面记录一式二份,施工、管理人员各执一份。

3.2.5 乙方应取得承包范围内特种作业的许可证(如起重机、电梯、厂内机动车、消防设施维修保养许可证等)。

3.2.6 乙方根据本项工程需要及甲方的安全技术交底,制定施工组织措施、技术措施、安全措施、防火防盗措施。

3.3 施工期间要求

3.3.1 施工期间,乙方指派专人负责本工程项目的有关安全、防火、职业健康等工作,经常组织安全生产检查,预防发生事故。施工期间不得随意更换作业人员。甲方指派专人负责联系、检查督促乙方执行有关安全、防火、职业健康等规定。甲乙双方应经常联系、相互协助检查和处理工程施工有关安全、防火、职业健康等工作,共同预防发生事故。

3.3.2 乙方在施工期间必须严格执行和遵守甲方各项安全生产管理规定,并接受甲方的监督、检查和指导。甲方有监督和检查乙方安全生产工作执行情况的义务。对于检查出的隐患,乙方必须限期整改。对于甲方违反安全生产规定、制度的情况,乙方应要求甲方整改,甲方应认真整改。

3.3.3 生产操作过程中所需个人劳动防护用品由乙方自理。甲乙双方都应配备满足现场需要的合格的劳动防护用品,并督促施工现场人员自觉穿戴、正确使用。

3.3.4 特种作业人员必须执行《特种作业人员安全技术培训考核管理规定》,接受培训,经省、市、地区的特种作业安全技术考核机构考核后持证上岗。

3.3.5 乙方在施工中应注意保护地下管线及高压架空线路。甲方应对地下管线和障碍物详细交底。乙方应贯彻交底要求,如遇情况,应及时与甲方和有关部门联系,采取保护措施。

3.3.6 乙方所用施工机械、安全工器具及安全防护设施、用具应符合安全要求,满足施工需要。在开工前应对施工机械、工器具及安全防护设施、用具进行检查检验,张贴合格证。所使用的特种设备必须经质检单位检验合格,并张贴合格证。

4 责任

4.1 贯彻"先订合同后施工"和"谁施工谁负责"的安全生产原则。

4.2 乙方企业、人员资质应符合《中华人民共和国安全生产法》等法律法规的要求，甲方应对乙方的安全资质进行审查。

4.3 甲方应审核乙方工作票"三种人"资格，并公布名单。

4.4 甲方有权对乙方人员的安全生产教育和安全操作规程学习考试情况进行审查。

4.5 甲方负责协调解决厂区范围内所涉及第三方的工作。

4.6 双方对于各自所在的施工区域、作业环境、操作设施设备、工具用具等必须认真检查，若发现隐患应立即停止施工，落实整改后方准施工。一经施工，即表示施工单位确认施工区域、作业环境、操作设施设备、工具用具等符合安全要求和处于安全状态。施工单位对于施工过程中由于上述因素不良而导致的事故后果负全责。

4.7 双方人员，对于施工现场各类安全防护设施、安全标志不准擅自拆除、变更。如确有需要拆除变动的，必须经工地施工负责人和甲乙双方指派的安全管理人员同意，并采取必要、可靠的安全措施后方可进行。任何一方人员擅自拆除所造成的后果，均由该方人员及其单位负责。

4.8 危险区域内作业，甲方应配合乙方做好相关的安全措施并监督实施。

4.9 甲方有权制止乙方人员的违章作业，并视情节对乙方给予处罚。对严重威胁安全生产的人员有权停止其工作并清除出厂。

4.10 乙方所有作业均应在规定的区域内完成，未经甲方批准不得进入其他区域。

4.11 乙方应遵守甲方有关安全文明生产的规章制度，接受甲方的安全生产监督检查，对存在的问题及时整改。

4.12 乙方在整个施工过程中必须保证现场规范、整洁，若对设备、设施造成损坏应照价赔偿。

4.13 在乙方施工现场存在较大安全隐患或出现紧急安全事件的情况下，甲方有权下令立即停工，乙方必须采取有效措施，待问题得到彻底整改并征得甲方同意后方可恢复施工，停工期间的所有损失由乙方承担。

4.14 乙方人员在工作中因违章作业、违章指挥、违反劳动纪律等原因造成人员伤亡、设备损坏或火灾事故，责任由乙方承担，并应赔偿对甲方造成的全部直接经济损失，甲方有权进行事故调查，并对乙方按规定进行处罚。乙方负责处理事故善后事宜。

4.15 乙方应给作业人员提供符合安全要求的劳动防护用品，并监督其正确使用。

4.16 乙方在施工中必须采取严密的措施防止环境污染和职业病。

4.17 乙方使用电气设备前应先进行检测，并做好检测记录，使用检修电源应经甲方批准，严禁擅自乱拉电气线路和违规使用电气设备。

5 奖罚

5.1 安全生产保证金的奖罚：乙方施工终结、项目验收合格，未发生事故、不安全事件和违章行为，全额退还安全生产保证金。因乙方人员责任发生如下事件时，按以下标准处罚：

（1）乙方施工人员出现人身重伤及以上事故，扣除全部保证金；

（2）造成甲方或第三方人员重伤及以上或重大设备损坏事件，扣除全部保证金；

（3）造成任何一方发生人身轻伤或一般设备损坏事件，扣除50％保证金；

（4）造成甲方或第三方设备损坏，并影响到甲方主设备正常运行，扣除全部保证金。

5.2 对其他安全事件的处罚见甲方安全生产管理制度，如甲方安全生产管理制度与本协议不一致时，以本协议为准。

6 事故处理

6.1 施工现场发生人身伤亡事故、人员中毒事故、火灾事故、环境保护事故等各类事故，乙方应在第一时间报告甲方，并保护事故现场，同时采取必要的应急措施，防止事故扩大。

6.2 发生设备损坏事故，除国家已有规定外，由甲乙双方共同进行调查，必要时可请上级主管部门或专业机构鉴定。

6.3 发生人身伤亡事故、人员中毒事故、火灾事故、环境保护事故等，甲乙双方应按《生产安全事故报告和调查处理条例》的规定，分别进行统计上报，对甲方所在地政府部门的事故报告由甲方负责。

7 其他

7.1 本协议适用于订立协议单位双方。如遇有与国家和地方法规不符之处按照国家和地方法规执行。

7.2 本协议经订立协议单位双方签字、盖章有效，作为工程（商务）合同正本的附件一式六份，甲乙双方各持三份。

7.3 本协议同工程（商务）合同同时生效，甲乙双方必须严格执行，由于违反本协议造成的伤亡事故，由违约方承担一切经济损失。

7.4 如乙方严重违反本协议之规定，甲方有权立即终止本协议以及相应长期协议，并且不承担任何责任。

7.5 本协议解释权归甲方。

甲方：   乙方：

单位名称：＿＿＿＿＿＿（盖章）   单位名称：＿＿＿＿＿＿（盖章）

单位代表人：＿＿＿＿＿（签字）   单位代表人：＿＿＿＿＿（签字）

地址：＿＿＿＿＿＿＿   地址：＿＿＿＿＿＿＿

电话：＿＿＿＿＿＿＿   电话：＿＿＿＿＿＿＿

附录 B

外包单位施工人员名册

外包单位：

编号：

年　　月　　日

序号	姓名	学历	职称	健康状况	年龄	身份证号	特殊工种名称及证号	备注
1								
2								
3								
4								
5								
6								
7								
8								
9								
10								

注：此表由外包单位填写，一式三份，外包项目申报部门、安全生产监督机构各存一份，一份由安全生产监督机构签培训合格人员证明交综合部办理胸卡；要求在备注栏内注明项目负责人、专（兼）职安全员、工作负责人及其手机号。

附录 C

外包单位使用机械，工器具，安全防护设施、用具登记表

编号：

外包单位		项目名称			
施工时间		项目编号			
序号	机械，工器具，安全防护设施、用具名称	是否需要定期试验		是否检验	
		是	否	是	否
1					
2					
3					
4					
5					

核实结论：

年　　月　　日

注：此表由外包单位填写，一式三份，经用工部门组织核实（含已运送现场的）后签署结论，对存在问题下整改通知单限期整改。外包单位、外包项目用工部门、安全生产监督机构各存一份。

附录 D

发包工程安全技术交底表

编号：

外包单位		项目名称	
施工时间		项目编号	
安全技术交底内容			
交底人（签名）	年　月　日	外包单位项目负责人或技术人员（签名）	年　月　日
外包单位其他施工人员（签名）			

附录 E

安全生产监督检查整改通知单

编号：

签发人：　　　　　　　　　　　　　　　　　　　　____年第____号

被通知单位			
被通知人		通知发出时间	年　月　日
主管部门		主管部门负责人	

主要问题 及要求	你单位存在以下问题： 违反了 　　　　　　　　　　　　之规定，要求你单位按照整改标准在　　年　月　　日前（　天内）完成整改，并在完成整改工作后的次日，按"安全生产监督检查回执单"的内容要求填报安全生产监督机构。如对本通知书有异议，请于两天内以书面形式向安全生产监督机构陈述理由。
整改标准	

附录 F

安全生产监督检查回执单

编号：　　　　　　　　　　　　　　　　　　　　　　____年第____号

填报单位			
填报人		填报时间	
主管部门		主管部门负责人	

整改情况	（1）根据整改通知单的主要问题、整改标准的要求，我单位已于　　年　　月　　日完成了对 　　　　　　　　　　　　　的整改工作。 （2）根据整改通知单的主要问题、整改标准的要求，该整改项目因为 　　　　　　　　　　　原因，不能立即完成整改，采取的防范措施为：
检查验收 情况	安全生产监督机构验收人：　　　　　　年　月　日
领导批示	批示人：　　　　　年　月　日

安全生产规章制度编制指南

附录 G

外包单位安全管理评价表

编号：

外包单位			
评价项目	评价内容	评价结果	
安全资质和条件的管理	外包单位安全资质和条件的管理是否规范	是	否　原因：
入场前的安全生产教育、培训	外包单位的施工人员在进场前是否经安全生产教育、培训，并且是否进行了考试	是	否　原因：
工具和设备	工具和设备是否经过检验并符合安全要求	是	否　原因：
特种作业	是否有特种作业人员，并且人员都具有特种作业操作证	是	否　原因：
人员管理	外包单位因施工需要更换或增加人员是否按照规定办理人员更替的许可申请，并按规定做好相关培训	是	否　原因：
现场施工平面布置图	外包单位的平面布置是否按照公司要求合理布置，并符合安全生产管理要求	是	否　原因：
安全施工措施	外包单位是否编制了执行此项工作时将要采取的具体安全施工措施，并确保措施中包含所有规定项目	是	否　原因：
安全技术交底	开工前是否对施工人员进行了总体安全技术交底，并且是否有记录	是	否　原因：
现场安全生产管理	外包单位负责人、技术人员、专（兼）职安全员是否履行职责，做好施工现场的安全生产管理工作	是	否　原因：
现场文明生产管理	外包单位负责人、技术人员、专（兼）职安全员是否履行职责，做好施工现场的文明生产管理工作	是	否　原因：
违章情况	外包单位是否存在违章行为	是	否　原因：
安全活动	外包单位是否按照规定开展安全活动	是	否　原因：
安全生产文件	外包单位是否保留了所有与安全生产事项相关的文件	是	否　原因：
评价结论	存在的问题： 改进建议： 安全生产监督机构　　年　月　日		

　　此评价表由安全生产监督机构根据外包单位的实际情况作出正确评价，一式三份，外包单位、技术支持部、安全生产监督机构各存一份。

第十节 生产安全事故报告和调查处理管理制度编制要点

生产安全事故的报告和调查处理是一项非常严肃、非常重要的工作，涉及面广，必须从法律和制度上明确相应的操作规程，对事故报告和调查处理的组织体系、工作程序、时限要求、行为规范作出明确规定，划分责任，以保证工作在规范的基础上顺利开展，做到客观、公正、高效。

一、主要依据

- 《中华人民共和国安全生产法》
- 《中共中央　国务院关于推进安全生产领域改革发展的意见》
- 《生产安全事故报告和调查处理条例》

二、主要要素

1. 制度编制时注意主要内容应包括事故分级、事故报告、现场处置、事故调查和事故处理等方面。

2. 事故分级上总体可按照国家有关规定划分，建议生产经营单位还可结合实际对一般事故进行再次细化分级，形成本单位特色的事故分级标准，可以从直接经济损失和轻重伤程度等维度来确定事故分级标准。

3. 发生人员重伤或死亡事故应严格执行《生产安全事故报告和调查处理条例》的相关规定。生产经营单位在编制制度时还要基于本单位特色的一般事故分级标准，进一步细化一般事故如何报、报给谁、谁调查、谁处理等具体程序。

三、法定要求

1. 《中华人民共和国安全生产法》（节选）

第四十七条　生产经营单位发生生产安全事故时，单位的主要负责人应当立即组织抢救，并不得在事故调查处理期间擅离职守。

第五十七条　工会有权对建设项目的安全设施与主体工程同时设计、同时施工、同时投入生产和使用进行监督，提出意见。

工会对生产经营单位违反安全生产法律、法规，侵犯从业人员合法权益的行为，有权要求纠正；发现生产经营单位违章指挥、强令冒险作业或者发现事故隐患时，有权提出解决的建议，生产经营单位应当及时研究答复；发现危及从业人员生命安全的情况时，有权向生产经营单位建议组织从业人员撤离危险场所，生产经营单位必须立即作出处理。

工会有权依法参加事故调查，向有关部门提出处理意见，并要求追究有关人员的责任。

第八十三条　事故调查处理应当按照科学严谨、依法依规、实事求是、注重实效的原则，及时、准确地查清事故原因，查明事故性质和责任，总结事故教训，提出整改措施，并对事故责任者提出处理意见。事故调查报告应当依法及时向社会公布。事故调查和处理的具体办法由国务院制定。

事故发生单位应当及时全面落实整改措施，负有安全生产监督管理职责的部门应当加强监督检查。

第八十四条　生产经营单位发生生产安全事故，经调查确定为责任事故的，除了应当查明事故单位的责任并依法予以追究外，还应当查明对安全生产的有关事项负有审查批准和监督职责的行政部门的责任，对有失职、渎职行为的，依照本法第八十七条的规定追究法律责任。

第八十五条　任何单位和个人不得阻挠和干涉对事故的依法调查处理。

第一百零六条　生产经营单位的主要负责人在本单位发生生产安全事故时，不立即组织抢救或者在事故调查处理期间擅离职守或者逃匿的，给予降级、撤职的处分，并由安全生产监督管理部门处上一年年收入百分之六十至百分之一百的罚款；对逃匿的处十五日以下拘留；构成犯罪的，依照刑法有关规定追究刑事责任。

2.《中共中央　国务院关于推进安全生产领域改革发展的意见》（节选）

（十九）完善事故调查处理机制。坚持问责与整改并重，充分发挥事故查处对加强和改进安全生产工作的促进作用。完善生产安全事故调查组组长负责制。健全典型事故提级调查、跨地区协同调查和工作督导机制。建立事故调查分析技术支撑体系，所有事故调查报告要设立技术和管理问题专篇，详细分析原因并全文发布，做好解读，回应公众关切。对事故调查发现有漏洞、缺陷的有关法律法规和标准制度，及时启动制定修订工作。建立事故暴露问题整改督办制度，事故结案后一年内，负责事故调查的地方政府和国务院有关部门要组织开展评估，及时向社会公开，对履职不力、整改措施不落实的，依法依规严肃追究有关单位和人员责任。

3. 各企业在编制生产安全事故报告和调查处理管理制度时，应重点参考和严格执行《生产安全事故报告和调查处理条例》。

四、编写参考

××集团公司生产安全事故报告和调查处理管理规定

第一章 总 则

第一条 为了规范集团生产安全事故的报告和调查处理工作，保障对职工生产安全事故及时、正确地进行调查处理，根据国务院《生产安全事故报告和调查处理条例》和《北京市生产安全事故报告和调查处理办法》，制定本规定。

第二条 本规定适用于集团所属各分公司，子公司参照执行。

第三条 生产安全事故是指生产经营单位在生产经营活动过程中，造成人员伤亡或者直接经济损失的意外事件以及发生后因抢险施救不当造成的意外事件。

第二章 事 故 分 级

第四条 根据生产安全事故造成的人员伤亡或者直接经济损失，事故分为以下等级：

（一）一般事故，是指造成3人以下死亡，或者10人以下重伤，或者1000万元以下直接经济损失的事故。

（二）较大事故，是指造成3人以上10人以下死亡，或者10人以上50人以下重伤，或者1000万元以上5000万元以下直接经济损失的事故。

（三）重大事故，是指造成10人以上30人以下死亡，或者50人以上100人以下重伤，或者5000万元以上1亿元以下直接经济损失的事故。

（四）特别重大事故，是指造成30人以上死亡，或者100人以上重伤（包括急性工业中毒），或者1亿元以上直接经济损失的事故。

本条所称的"以上"包括本数，所称的"以下"不包括本数。

第五条　一般事故分类

集团将本规定第四条中一般事故细分为轻伤事故、重伤事故和死亡事故。

（一）轻伤事故：负伤休息一个工作日以上，尚未构成重伤的事故。

（二）重伤事故：按照国家有关重伤事故范围的规定执行（《企业职工伤亡事故分类标准》GB 6441—1986）。

（三）死亡事故：造成人员死亡的事故。

第三章　事　故　报　告

第六条　事故报告程序

事故发生后，事故现场有关人员应当立即向本单位负责人（或事故区域主管领导）报告，事故单位负责人应在事故发生后30分钟内向集团安全部、业务主管部门上报。重伤、死亡事故还应在事故发生后1小时内向事故单位所在区、县安全生产监督管理部门报告。涉及两个以上单位的伤亡事故，由伤亡职工所在单位报告，涉及的相关单位也应及时向有关部门报告。

第七条　报告内容

一般应当包括以下内容：

（一）事故发生单位概况。

（二）事故发生的时间、地点以及事故现场情况。

（三）事故的简要经过。

（四）事故已经造成或者可能造成的伤亡人数（包括下落不明的人数）和初步估计的直接经济损失。

（五）已经采取的措施。

（六）其他应当报告的情况。

第四章　现　场　处　置

第八条　事故发生后，在事故报告的同时，现场负责人应迅速组织实施应急处置工作，迅速组织对受伤人员展开救护工作，防止事故蔓延、扩大，并组织对现场实施保护。

第九条　接到报告后，单位负责人应立即赶赴现场，同时启动事故应急预案，采取有效措施组织抢救，防止事故扩大或者引发次生事故。因抢救伤员或为防止事故继续扩大而必须移动现场设备、设施时，现场负责人应组织现场人员查清现场情况，进行现场拍照，做出标志和记明数据，绘出现场示意图。

第十条 发生重伤事故，集团业务部室、安全部应当立即赶赴现场，组织抢救，进行调查。

第十一条 发生死亡事故，集团领导应当立即赶赴现场，组织抢救，进行调查。

第十二条 在进行现场救护的过程中，施救人员必须佩戴合格有效的个人防护器具，防止在救护过程中再次发生人身伤亡事故。

第十三条 事故单位应对事故现场进行隔离，防止无关人员进入事故现场。

第五章 事故调查

第十四条 成立事故调查组

（一）发生重伤及以上等级事故，按照《北京市生产安全事故报告和调查处理办法》的规定由相应级别政府、安全生产监督管理部门组织调查，集团有关领导、相关部室以及事故发生单位要做好积极配合工作。

（二）发生轻伤事故，由事故发生单位安全生产管理部门负责组织调查，调查组由单位领导、相关部室等人员组成。

（三）事故调查的成员应当具备有事故调查所需的知识和专长，并与所调查的事故没有直接利害关系。

第十五条 调查组职责有：查明事故经过、原因、人员伤害情况、直接经济损失，认定事故性质和事故责任，提出对责任者的处理意见，总结教训，提出防范和整改措施，编制事故调查报告。

第十六条 事故调查报告的编写

事故调查组人员在全面分析事故后编写"事故调查报告"。调查报告应包括以下内容：

（一）事故的基本情况，包括单位名称、日期、类别、地点、伤亡人数、伤亡人员情况、经济损失、事故等级等。

（二）事故经过。

（三）事故原因分析，包括直接原因和间接原因。

（四）事故的预防措施。

（五）事故责任者及对责任者的处理意见。

（六）调查组成员名单及调查组成员签字。

（七）附件，包括图表、照片、技术鉴定等资料。

第六章 事 故 处 理

第十七条 事故处理要坚持"四不放过"的原则。四不放过是指：事故原因没有查清不放过；事故责任者没有严肃处理不放过；广大员工没有受到教育不放过；防范措施没有落实不放过。

第十八条 事故处理程序

（一）对责任人进行处理，下达处理通知书。

（二）对事故相关人员及周围群众进行教育。

（三）对事故防范整改措施进行落实。

（四）形成事故处理报告。

第十九条 事故处理要求

（一）认真落实事故处理决定的相关要求，落实对相关责任单位和责任人员的处罚。

（二）认真吸取事故教训，落实整改措施。

（三）对防止或抢救事故有功的部门或个人，应予以表彰、奖励。

（四）根据《工伤保险条例》规定，对事故中的伤亡人员进行赔偿处理。

（五）事故处理后，将事故详情、原因和处理结果进行通报。

第七章 附 则

第二十条 本规定由集团安全部负责解释。

第二十一条 本规定自××××年××月××日起施行。

第十一节 安全生产约谈管理制度编制要点

近几年来，北京、天津、广东、海南、甘肃等省、市先后制定了省级安全生产约谈制度文件，并分别以省政府办公厅或省安全生产委员会文件印发实施。各大中型生产经营单位特别是集团型公司有必要参考编制本单位安全生产约谈管理制度，为解决安全生产突出问题、强化安全生产责任落实提供一项强有力的制度保障。

一、主要依据

《中共中央　国务院关于推进安全生产领域改革发展的意见》

二、主要要素

1. 内容上应明确约谈的目的依据、约谈定义，规定约谈主体、约谈对象、约谈组织、约谈程序、约谈内容、约谈要求、约谈处理决定、督办落实等方面。

2. 约谈主体一般是集团公司主要负责人或副总经理，被约谈对象应为下属单位主要负责人。

3. 约谈的启动条件应该是整个制度编制时应重点考虑的，各生产经营单位可参照相关省市约谈办法，以突出问题为原则，确定本单位约谈启动条件。通常可以将以下情况作为启动条件：

（1）安全生产检查过程中发现存在重大生产安全隐患或者对重大生产安全隐患整改不到位；

（2）未按照集团要求签订安全生产责任书；

（3）发生重伤及以上事故；

（4）一季度内发生两起及以上轻伤事故的；

（5）安全生产问题较多，安全生产形势比较严峻；

（5）其他确需约谈的事项。

三、法定要求

《中共中央　国务院关于推进安全生产领域改革发展的意见》（节选）

（二十二）建立隐患治理监督机制。制定生产安全事故隐患分级和排查治理标准。负有安全生产监督管理职责的部门要建立与企业隐患排查治理系统联网的信息平台，完善线上线下配套监管制度。强化隐患排查治理监督执法，对重大隐患整改不到位的企业依法采取停产停业、停止施工、停止供电和查封扣押等强制措施，按规定给予上限经济处罚，对构成犯罪的要移交司法机关依法追究刑事责任。严格重大隐患挂牌督办制度，对整改和督办不力的纳入政府核查问责范围，实行约谈告诫、公开曝光，情节严重的依法依规追究相关人员责任。

四、编写参考

××集团公司安全生产约谈管理办法

第一条 为进一步加强集团对各单位（部室）安全生产工作的监督管理，落实各单位安全生产主体责任和职能部室安全生产监管责任，有效防止和减少生产安全事故，保持集团安全生产形势的持续稳定，根据《中华人民共和国安全生产法》《中共中央国务院关于推进安全生产领域改革发展的意见》等相关文件要求，结合集团实际，制定本办法。

第二条 本办法所称安全生产约谈是指针对存在以下安全生产问题的，由集团组织对集团相关职能部室、各二级单位主要负责人或主管负责人实施的约见谈话：

（一）安全生产检查过程中发现存在重大生产安全隐患或者对重大生产安全隐患整改不到位；

（二）未按照集团要求签订安全生产责任书的；

（三）发生重伤及以上事故的；

（四）一季度内发生两起及以上轻伤事故的；

（五）安全生产问题较多，安全生产形势比较严峻的；

（六）其他确需约谈的事项。

第三条 安全生产约谈人员为总经理、分管安全生产工作集团领导或其他集团领导，以及相关职能部室负责人。约谈对象为：

（一）集团相关部室负责人；

（二）各二级单位主要负责人或分管安全生产工作领导；

（三）各二级单位安全生产管理部门负责人或集团部室具体负责安全生产管理工作的人员；

（四）其他确需约谈的人员。

第四条 安全生产约谈由集团安全部具体组织实施。约谈程序为：

（一）约谈前，集团安全部提出约谈工作建议，经集团领导同意后，向被约谈单位（部室）发出约谈通知，告知约谈事项、约谈时间、约谈地点、需要提交的相关资料等。

（二）约谈时，被约谈单位（部室）应如实汇报目前安全生产现状和约谈事项的有关情况，内容包括约谈事项原因分析及处理情况，应吸取的教训和采取的防范措施。集团就有关情况提出询问，并提出工作要求、整改建议和完成时限。

（三）约谈后，集团安全部填写"集团安全生产约谈记录单"，并经双方签字确认。被约谈单位应当在约谈后7个工作日内，以书面形式向集团安全部反馈工作落实情况报告。

第五条 被约谈单位（部室）及人员应准时参加约谈，不得委托他人。对无故不接受约谈或约谈后仍不采取改进措施的单位和个人，集团将进行通报批评，责令其做出书面检查，并追究被约谈人及单位的责任。

第六条 因约谈事项未落实或者落实不到位而引发生产安全事故的，对被约谈人及单位从严追究责任。

第七条 本办法自下发之日起开始实施。

第十二节　领导干部和管理人员现场带班管理制度编制要点

领导干部和管理人员现场带班管理制度主要是明确生产经营单位主要负责人、领导班子成员和生产经营管理人员要轮流现场带班，强化生产过程管理的领导责任。通过现场带班，立足现场安全管理，加强对重点部位、关键环节的检查巡视，及时发现和解决问题，达到安全生产的目的。

一、主要依据

- 《中华人民共和国安全生产法》
- 《国务院关于进一步加强企业安全生产工作的通知》

二、主要要素

1. 主要内容应明确领导现场带班人员、带班时间表、现场带班职责（有关规定、惩处）等。

2. 领导干部和管理人员现场带班的责任主体应包括生产经营单位主要负责人、领导班子成员和业务部门负责人等。

3. 领导带班时间表要求制定正式表格，明确排序与调班、保存时限等规定。

三、法定要求

1.《中华人民共和国安全生产法》（节选）

第十八条　生产经营单位的主要负责人对本单位安全生产工作负有下列职责：

……

（五）督促、检查本单位的安全生产工作，及时消除生产安全事故隐患；

2.《国务院关于进一步加强企业安全生产工作的通知》（节选）

5. 强化生产过程管理的领导责任。企业主要负责人和领导班子成员要轮流现场带班。煤矿、非煤矿山要有矿领导带班并与工人同时下井、同时升井，对无企业负责人带班下井或该带班而未带班的，对有关责任人按擅离职守处理，同时给予规定上限的经济处罚。发生事故而没有领导现场带班的，对企业给予规定上限的经济处罚，并依法从重追究企业主要负责人的责任。

四、编写参考

××公司领导干部和管理人员现场带班管理制度

为认真贯彻落实"安全第一、预防为主、综合治理"的安全生产方针，进一步强化各级领导干部和管理人员深入施工现场、重心下移、靠前指挥，及时发现并消除生产过程中的不安全因素，制止各类违章行为，解决生产过程中的安全问题，保证生产安全，特制定本制度。

一、领导干部和管理人员现场带班管理规定

1. 总经理、党委书记现场带班不少于 1 次/月。

2. 副总经理、总工程师、党委副书记、纪委书记、工会主席、总经济师、总会计师现场带班不少于 2 次/月。

领导干部和管理人员现场带班时间由总经理办公室统一安排，带班人员要分开班次，以星期六、星期日、节假日为主，加强对重点部位、薄弱环节的检查巡视，致力于解决安全生产难点问题。为防止带班人员扎堆现象的发生，原则上要求参加值班的人员当月带班。

二、考核规定

1. 所有领导干部和管理人员带班要与施工现场员工同工作，时间必须满 8 小时/月以上。

2. 建立带班登记档案。带班负责人和生产经营管理人员要将施工现场的时间、地点、发现的隐患及处理意见等有关情况进行详细登记，并存档备查。凡带班人员不填写带班登记档案者，视为带班无效，不予承认。

3. 安全管理部负责对带班情况进行监督与考核。严肃查处空班及完不成带班任务的责任人员，违反本规定一律按规定给予经济处罚、通报批评，并纳入管理人员动态考核。

4. 对按规定完成带班任务的责任人员，每带班一个班次，奖励 100 元。对完不成带班任务的责任人员，每少带班一次罚款 100 元。

5. 因病等身体原因不适宜带班者，必须出具医院证明，经安全管理部负责人签字同意后，方可不予考核。因故完不成带班任务所出具的证明，必须实事求是，发现弄虚作假者，通报批评，对责任人员罚款 200 元/次。

6. 因公外出等因素致完不成带班任务者，必须出具单位证明，经分管副总经理（副书记、总工程师）签字同意后，方可不予考核。

7. 遇有领导干部因故不能按时带班的情况时，由总经理办公室根据公司实际情况统一重新排班。

三、其他规定

1. 各级领导干部和管理人员要切实提高对检查、制止"三违"重要性的认识，时刻绷紧安全弦，以高度的政治责任感，时时处处为职工的利益着想，以实际行动推动公司安全生产工作深入、持久、健康发展。

2. 每名管理人员都要严格执行抓"三违"考核规定，真正做到思想认识、工作作风、工作措施到位，深入实际、深入现场，真抓实管，严厉制止"三违"，使安全生产管理工作再创新水平、再上新台阶。

3. 各级领导干部和管理人员必须就工程质量、安全隐患等进行检查，对发现的隐患和质量问题及时解决，切实帮助施工现场发现和解决实际安全生产问题。

第四章 专业制度编制要点

第一节 危险化学品安全管理制度编制要点

危险化学品往往具有易燃易爆、有毒有害、腐蚀等特性，而化工生产过程又多在高温高压（或低温真空）状态下进行，因此不管是生产、储存还是运输、使用过程中都存在着很多危险性因素，随之也引发了许多危险化学品事故。据统计，目前全世界每年因危险化学品事故和化学危害造成的损失超过了 4 000 亿元人民币，这引起了世界各国的高度重视。从 20 世纪 60 年代开始，各工业国和一些国际组织就纷纷制定了有关危险化学品安全的法律法规、标准和公约，旨在加强危险化学品安全管理，从而有效地预防和控制生产安全事故和职业危害。因此，针对危险化学品较高的事故风险，不管是生产、储存还是使用、经营危险化学品的单位，都很有必要制定针对性的管理制度，主要目的是以制度形式规范危险化学品的采购、生产、储存、使用、运输、经营各相关环节，明确具体安全防范措施，预防发生事故。

一、主要依据

- 《中华人民共和国安全生产法》
- 《国务院关于进一步加强企业安全生产工作的通知》
- 《中共中央 国务院关于推进安全生产领域改革发展的意见》
- 《危险化学品安全管理条例》

二、主要要素

1. 由于危险化学品管理涉及环节多，因此在制度编制时要明确职责分工，确定各环节对应管理部门的职责，特别是不能遗漏生产工艺设计和废弃处置等环节的职责。

2. 在制度编制时还需充分结合本单位危险化学品的理化特征来编写具体的安全管理措施，应明确建立危险化学品基本信息台账、出入库台账、使用台账等要求，针对危险化学品的职业危害，对现场管理和从业人员的劳动防护措施也应提出明确要求。

三、法定要求

1.《中华人民共和国安全生产法》（节选）

第二十一条 矿山、金属冶炼、建筑施工、道路运输单位和危险物品的生产、经营、储存单位，应当设置安全生产管理机构或者配备专职安全生产管理人员。

第二十四条 生产经营单位的主要负责人和安全生产管理人员必须具备与本单位所从事的生产经营活动相应的安全生产知识和管理能力。

危险物品的生产、经营、储存单位以及矿山、金属冶炼、建筑施工、道路运输单位的主要负责人和安全生产管理人员，应当由主管的负有安全生产监督管理职责的部门对其安全生产知识和管理能力考核合格。考核不得收费。

危险物品的生产、储存单位以及矿山、金属冶炼单位应当有注册安全工程师从事安全生产管理工作。鼓励其他生产经营单位聘用注册安全工程师从事安全生产管理工作。注册安全工程师按专业分类管理，具体办法由国务院人力资源和社会保障部门、国务院安全生产监督管理部门会同国务院有关部门制定。

第二十九条 矿山、金属冶炼建设项目和用于生产、储存、装卸危险物品的建设项目，应当按照国家有关规定进行安全评价。

第三十条 建设项目安全设施的设计人、设计单位应当对安全设施设计负责。

矿山、金属冶炼建设项目和用于生产、储存、装卸危险物品的建设项目的安全设施设计应当按照国家有关规定报经有关部门审查，审查部门及其负责审查的人员对审查结果负责。

第三十一条 矿山、金属冶炼建设项目和用于生产、储存、装卸危险物品的建设项目的施工单位必须按照批准的安全设施设计施工，并对安全设施的工程质量负责。

矿山、金属冶炼建设项目和用于生产、储存危险物品的建设项目竣工投入生产或者使用前，应当由建设单位负责组织对安全设施进行验收；验收合格后，方可投入生产和使用。安全生产监督管理部门应当加强对建设单位验收活动和验收结果的监督核查。

第三十四条　生产经营单位使用的危险物品的容器、运输工具，以及涉及人身安全、危险性较大的海洋石油开采特种设备和矿山井下特种设备，必须按照国家有关规定，由专业生产单位生产，并经具有专业资质的检测、检验机构检测、检验合格，取得安全使用证或者安全标志，方可投入使用。检测、检验机构对检测、检验结果负责。

第三十九条　生产、经营、储存、使用危险物品的车间、商店、仓库不得与员工宿舍在同一座建筑物内，并应当与员工宿舍保持安全距离。

第七十九条　危险物品的生产、经营、储存单位以及矿山、金属冶炼、城市轨道交通运营、建筑施工单位应当建立应急救援组织；生产经营规模较小的，可以不建立应急救援组织，但应当指定兼职的应急救援人员。

危险物品的生产、经营、储存、运输单位以及矿山、金属冶炼、城市轨道交通运营、建筑施工单位应当配备必要的应急救援器材、设备和物资，并进行经常性维护、保养，保证正常运转。

2.《国务院关于进一步加强企业安全生产工作的通知》（节选）

18. 加快完善安全生产技术标准。各行业管理部门和负有安全生产监管职责的有关部门要根据行业技术进步和产业升级的要求，加快制定修订生产、安全技术标准，制定和实施高危行业从业人员资格标准。对实施许可证管理制度的危险性作业要制定落实专项安全技术作业规程和岗位安全操作规程。

19. 严格安全生产准入前置条件。把符合安全生产标准作为高危行业企业准入的前置条件，实行严格的安全标准核准制度。矿山建设项目和用于生产、储存危险物品的建设项目，应当分别按照国家有关规定进行安全条件论证和安全评价，严把安全生产准入关。凡不符合安全生产条件违规建设的，要立即停止建设，情节严重的由本级人民政府或主管部门实施关闭取缔。降低标准造成隐患的，要追究相关人员和负责人的责任。

3.《中共中央　国务院关于推进安全生产领域改革发展的意见》（节选）

（十）改革重点行业领域安全监管监察体制。依托国家煤矿安全监察体制，加强非煤矿山安全生产监管监察，优化安全监察机构布局，将国家煤矿安全监察机构负责的安全生产行政许可事项移交给地方政府承担。着重加强危险化学品安全监管体制改革和力量建设，明确和落实危险化学品建设项目立项、规划、设计、施工及生产、储存、使用、销售、运输、废弃处置等环节的法定安全监管责任，建立有力的协调联动机制，消除监管空白。完善海洋石油安全生产监督管理体制机制，实行政企分开。理顺民航、铁路、电力等行业跨区域监管体制，明确行业监管、区域监管与地方监管职责。

（十二）健全应急救援管理体制。按照政事分开原则，推进安全生产应急救援管理体制改革，强化行政管理职能，提高组织协调能力和现场救援时效。健全省、市、县三级安全生产应急救援管理工作机制，建设联动互通的应急救援指挥平台。依托公安消防、大型企业、工业园区等应急救援力量，加强矿山和危险化学品等应急救援基地和队伍建设，实行区域化应急救援资源共享。

（二十四）加强重点领域工程治理。深入推进对煤矿瓦斯、水害等重大灾害以及矿山采空区、尾矿库的工程治理。加快实施人口密集区域的危险化学品和化工企业生产、仓储场所安全搬迁工程。深化油气开采、输送、炼化、码头接卸等领域安全整治。实施高速公路、乡村公路和急弯陡坡、临水临崖危险路段公路安全生命防护工程建设。加强高速铁路、跨海大桥、海底隧道、铁路浮桥、航运枢纽、港口等防灾监测、安全检测及防护系统建设。完善长途客运车辆、旅游客车、危险物品运输车辆和船舶生产制造标准，提高安全性能，强制安装智能视频监控报警、防碰撞和整车整船安全运行监管技术装备，对已运行的要加快安全技术装备改造升级。

（二十九）发挥市场机制推动作用。取消安全生产风险抵押金制度，建立健全安全生产责任保险制度，在矿山、危险化学品、烟花爆竹、交通运输、建筑施工、民用爆炸物品、金属冶炼、渔业生产等高危行业领域强制实施，切实发挥保险机构参与风险评估管控和事故预防功能。完善工伤保险制度，加快制定工伤预防费用的提取比例、使用和管理具体办法。积极推进安全生产诚信体系建设，完善企业安全生产不良记录"黑名单"制度，建立失信惩戒和守信激励机制。

4. 各企业在编制危险化学品安全管理制度时，应重点参考和严格执行《危险化学品安全管理条例》。

四、编写参考

××集团公司危险化学品安全管理规定

第一章 总 则

第一条 为加强集团对危险化学品的安全管理，防止安全事故发生，依据《中华人民共和国安全生产法》《危险化学品安全管理条例》等法律法规，制定本规定。

第二条 本规定适用于集团所属各分公司的危险化学品采购、储存、使用和处置的安全管理，子公司参照执行。

第三条 危险化学品（以下简称危化品）是指具有毒害、腐蚀、爆炸、燃烧、助燃等性质，对人体、设施、环境具有危害的剧毒化学品和其他化学品。

第二章 危化品的采购

第四条 危化品的采购由使用单位提出采购需求，执行集团采购相关规章制度。

第五条 集团采购部应确保所选择的危化品供应商具备危化品生产、销售、运输等资质。

集团相关业务部室确保供应商提供的产品符合相关技术标准和规范。严禁向无生产或销售资质的单位采购危化品。

第六条 严格控制危化品的采购和存放数量，危化品采购数量在满足生产的前提下，不得超过临时存放点的核定数量，凡包装、标志不符合国家标准规范，或有破损、残缺、渗漏、变质、分解等现象的，严禁接收。

第七条 各单位应加强对供应商的日常安全管理，认真做好危化品检验和交付记录。

第八条 各单位应根据国家危化品名录建立危化品清单，并及时更新。

第三章 危化品的储存

第九条 危化品的储存应严格遵循分类分项、专库专储的原则，化学性质相抵触或灭火方法不同的危化品不得同库储存。

第十条 危化品存放点应设置化学品作业场所安全警示标志，明确存放物品的名称、危险性质、防护用品、应急处置方法、报警电话等信息。

第十一条 危化品存放点应根据其种类、性质、数量等设置相应的通风、控温、控湿、泄压、防火、防爆、防晒、防静电等安全设施，并定期定时进行安全检查和记录，发现隐患及时整改。

第十二条 危化品应当储存在专用仓库、专用场地或者专用储存室（以下统称专用仓库）内，并由专人负责管理；剧毒化学品以及储存数量构成重大危险源的其他危化品，应当在专用仓库内单独存放，并实行双人收发、双人保管制度。

第十三条 危化品专用仓库应当符合国家标准、行业标准的要求，并设置明显的标志。储存剧毒化学品、易燃易爆危化品的专用仓库，应当按照国家有关规定设置相应的技术防范设施。

第十四条 各单位严格危化品出入库管理，出入库台账清晰，账实相符；危化品的验收、领用、盘点等物资性管理应从严掌握，确保安全储存，严禁危化品外流。

第十五条 储存危化品的作业场所应当设置视频监控或泄漏报警装置，并保证处于良好使用状态。

第四章 危化品的使用

第十六条 各单位要建立危化品使用台账，并如实记录各种危化品使用情况。

第十七条 使用危化品时，应按相应安全技术规程和产品使用说明及技术要求严格执行，操作人员应穿戴相应的防护用具，使用专用器具，防止泄漏、遗撒以及对人员造成伤害或使财产遭受损失。

第十八条 搬运危化品时应按有关规定进行，做到轻装、轻卸，搬运对人体有毒害及腐蚀性的物品时，操作人员应根据危险性，穿戴好防护用品。

第十九条 具有毒性、强腐蚀性、易燃、易爆等特性的危化品，使用完毕后要立即放回原处，不得随意存放。

第二十条 各单位应制定本单位危化品事故应急预案，配备相应的应急救援设备和物资，相关人员必须熟悉应急处置流程，掌握应急处置技能，至少每半年组织一次应急救援演练。

第二十一条 各单位负责定期对危化品使用人员进行培训，特别是对新投入使用的危化品和涉及危化品操作的新员工要重点做好相关培训。

第二十二条 明确与危化品供应商的管理界面，划清管理责任，并签订安全管理协议。

第五章 危化品的处置

第二十三条 危化品废弃后，应交由具有合格资质的专业单位统一进行运输和处置，不得随意丢弃。

第二十四条　禁止在危化品储存区域内堆积可燃危险废弃物。

第二十五条　对危险废弃物的容器、包装物，储存、运输、处置危险废弃物的场所、设施，必须设置危险废弃物识别标志。

第二节　职业卫生管理制度编制要点

职业卫生工作事关广大人民群众的根本利益，保障劳动者在生产过程中的生命安全与身体健康，是践行"以人民为中心"重要思想的体现，是发展生产、促进经济建设的一项根本性大事，也是新时代社会主义物质文明和精神文明建设、构建和谐社会的一项重要内容。生产经营单位作为职业卫生管理的主体，编制职业卫生管理制度是为预防、控制和消除职业危害，防治职业病，保护职工健康及其相关权益，保障安全生产，提供重要的制度保障。

一、主要依据

- 《中华人民共和国安全生产法》
- 《中华人民共和国职业病防治法》
- 《国务院关于进一步加强企业安全生产工作的通知》
- 《中共中央　国务院关于推进安全生产领域改革发展的意见》
- 《用人单位职业健康监护监督管理办法》

二、主要要素

1. 职责分工。近些年从国家层面来说，职业卫生管理职责划分和管理要求都有了新变化，各生产经营单位在制度编制时应结合实际进一步理清各业务部门与安全生产监管部门间的职责分工。

2. 职业危害因素。各生产经营单位应系统排查本单位的职业危害因素，并以此为基础制定管理及危害防范措施。

3. 制度应至少包含职业病危害前期预防、作业场所管理、职业病诊断与管理、职业健康教育与培训等几方面内容。

4. 职业健康监护档案。应在制度中明确职工岗前、岗中、离职体检及其档案留存要求。

三、法定要求

1.《中华人民共和国安全生产法》(节选)

第四十九条 生产经营单位与从业人员订立的劳动合同，应当载明有关保障从业人员劳动安全、防止职业危害的事项，以及依法为从业人员办理工伤保险的事项。

生产经营单位不得以任何形式与从业人员订立协议，免除或者减轻其对从业人员因生产安全事故伤亡依法应承担的责任。

2.《国务院关于进一步加强企业安全生产工作的通知》(节选)

26. 强制淘汰落后技术产品。不符合有关安全标准、安全性能低下、职业危害严重、危及安全生产的落后技术、工艺和装备要列入国家产业结构调整指导目录，予以强制性淘汰。各省级人民政府也要制订本地区相应的目录和措施，支持有效消除重大安全隐患的技术改造和搬迁项目，遏制安全水平低、保障能力差的项目建设和延续。对存在落后技术装备、构成重大安全隐患的企业，要予以公布，责令限期整改，逾期未整改的依法予以关闭。

3.《中共中央 国务院关于推进安全生产领域改革发展的意见》(节选)

(六) 严格落实企业主体责任。企业对本单位安全生产和职业健康工作负全面责任，要严格履行安全生产法定责任，建立健全自我约束、持续改进的内生机制。企业实行全员安全生产责任制度，法定代表人和实际控制人同为安全生产第一责任人，主要技术负责人负有安全生产技术决策和指挥权，强化部门安全生产职责，落实一岗双责。完善落实混合所有制企业以及跨地区、多层级和境外中资企业投资主体的安全生产责任。建立企业全过程安全生产和职业健康管理制度，做到安全责任、管理、投入、培训和应急救援"五到位"。国有企业要发挥安全生产工作示范带头作用，自觉接受属地监管。

4. 各企业在编制职业卫生管理制度时，应重点参考和严格执行《中华人民共和国职业病防治法》和《用人单位职业健康监护监督管理办法》。

四、编写参考

<h2 style="text-align:center">××集团公司职业卫生管理规定</h2>

<h3 style="text-align:center">第一章　总　　则</h3>

第一条　为了预防、控制和消除职业病危害，防治职业病，保护职工健康及其相关权益，促进安全生产，走可持续发展道路，根据《中华人民共和国职业病防治法》制定本规定。

第二条　本规定适用于集团公司所属各企事业单位（以下简称企业）。

第三条　职业卫生工作坚持"预防为主，防治结合，分类管理，综合治理"的方针，实行"总部监督、企业负责、分级管理，定期考核"的管理体制。企业内部相关部门各负其责、相互协作，做好职业卫生工作。

第四条　企业职业卫生工作实行一把手负总责，企业对产生的职业病危害承担责任。职业卫生管理部门对本企业职业卫生工作的监督管理与考核负责。

第五条　职业卫生工作是企业安全、健康、环境（HSE）管理的重要组成部分，企业在执行 HSE 管理体系过程中，必须按本规定做好职业卫生有关工作。

第六条　各级工会组织应依法维护职工享有的职业卫生保护权利，组织实施对本单位职业病防治工作的民主管理和群众监督。

第七条　企业对在职业卫生工作中成绩突出的个人或单位给予奖励。

<h3 style="text-align:center">第二章　机构与管理</h3>

第八条　集团公司安全环保局在集团公司安全生产监督委员会的领导下，主管职业卫生工作。集团公司职业病防治中心在安全环保局领导下，负责职业卫生日常管理的具体工作。

第九条　企业安全生产监督委员会负责指导职业卫生工作，企业应有领导分管职业卫生工作，各企业的安全（环保）部门是本企业职业卫生工作的主管机构。

第十条　在将医疗卫生机构交地方的过程中，企业现有的职业病防治专职技术服务机构应予以保留。

第十一条 企业内部应建立职业卫生"管理网络"，负责各级职业卫生的监督管理工作。

第十二条 建立职业卫生工作例会制度。制订计划，研究工作，布置任务，通报企业有毒有害作业场所监测、职业健康监护、职业卫生宣传教育及劳动防护检查考核、职业卫生隐患检查及治理等情况。

第十三条 企业应按国家有关规定，依法参加工伤保险，确保职工能依法享受工伤保险的有关待遇。

第十四条 职业卫生和职业病防治工作所需经费（包括健康监护费、职业病诊疗康复伤残费、尘毒监测仪器设备购置费、监测费、职业卫生宣传教育费、培训费、管理费、职业病危害治理费、职业病危害调查费、职防科研费等）应列入企业年度资金计划，专款专用，其经费支出在生产成本中据实列支。

第十五条 企业工会、人事、劳资、生产、技术和设备等管理部门，在其岗位责任制中应列入相关的职业卫生责任条款，协助做好职业卫生工作。

第三章 职业病危害前期预防

第十六条 企业应加强新建及改、扩建工程建设项目的职业卫生"三同时"监督管理工作。应建立建设项目职业卫生"三同时"管理审批程序，企业职业卫生管理部门应参加建设项目的设计审查。

第十七条 按照国家有关法规的要求，建设项目在可行性论证阶段应开展职业病危害预评价的有关工作，并按有关规定报批。建设项目在设计阶段，设计单位应充分考虑和落实职业病危害预评价报告中提出的有关建议和措施，企业应同时建立相应的职业病危害评价等档案。

第十八条 建设项目在竣工验收前应进行职业病危害控制效果评价工作，并按国家有关规定办理职业卫生验收手续，对不符合职业安全卫生标准和职业病防护要求的职业卫生防护设施，必须整改直至达标，否则不得投入生产。

第十九条 建立健全企业职业病危害事故应急救援预案，每年至少进行一次应急救援模拟演练，同时进行讲评并持续改进。

第二十条 建立职业病危害事故报告制度。发生严重职业病危害情况和中毒事故时，应及时报告集团公司和地方主管部门，准确提供有关情况，并配合做好救援救护及调查工作。

第二十一条 做好防尘、毒、射线、噪声以及防氮气窒息等防护设施的管理、使用、维护和检查，确保其处于完好状态，未经主管部门允许，不得擅自拆除或停止使用；企业应根据作业人员接触职业病危害因素的具体情况，为职工提供有效的个体职业卫生防护用品。企业应建立职业卫生防护设施及个体防护用品管理台账。

第二十二条 企业不得将产生职业病危害的作业转移给不具备职业卫生防护条件的单位和个人。不具备职业卫生防护条件的单位和个人也不得接受产生职业病危害的作业。

第二十三条 对可能造成职业病或职业中毒的作业环境、导致职业病危害事故发生或扩大的职业卫生隐患，应纳入企业安全隐患治理计划，按《事故隐患治理项目管理规定》和《事故隐患限期整改责任制》执行，并由各单位职业安全卫生管理部门牵头负责整改。

第四章　劳动用工及职业健康检查管理

第二十四条 企业在与职工签订劳动合同时，应将工作过程中或工作内容变更时可能产生的职业病危害、后果、职业卫生防护条件等内容如实告知职工，并在劳动合同中写明，不得隐瞒。企业违反此规定，职工有权拒签劳动合同，企业不得解除终止原劳动合同。

第二十五条 企业所有职工都有维护本单位职业卫生防护设施和个人职业卫生防护用品的责任和义务，发现职业病危害事故隐患及可疑情况，应及时向有关单位和部门报告，对违反职业卫生和职业病防治法律法规以及危害身体健康的行为应提出批评、制止和检举，并有权提出整改意见和建议。

第二十六条 企业不得因职工依法行使职业卫生正当权利和职责而降低其工资、福利等待遇，或者解除、终止与其订立的劳动合同。

第二十七条 企业应对从事接触职业病危害因素工作的作业人员进行上岗前、在岗期间、离岗和退休职业健康检查，以及特殊作业体检。企业不得安排未进行职业性健康检查的人员从事接触职业病危害作业，不得安排有职业禁忌证者从事禁忌的工作。

第二十八条 企业人事部门应根据新招聘及调换工种人员的职业健康检查结果，以及职业病防治部门鉴定意见安排其相应工作。

第二十九条 对职业健康检查中查出的职业禁忌证以及疑似职业病者，患者所在企业应根据职业病防治部门提出的处理意见，安排其调离原有害作业岗位，治疗、诊断等，并进行观察。

第三十条 企业职业卫生管理部门应按规定建立健全职工职业健康监护档案，并按照国家规定的保存期限妥善保存。档案内容应包括职工的职业史、既往史、职业病危害接触史，职业健康检查结果和职业病诊疗等个人健康资料，相应作业场所职业病危害因素检测结果。

第三十一条 对在生产作业过程中遭受或者可能遭受急性职业病危害的职工应及时组织救治或医学观察，并记入个人健康监护档案。

第三十二条 体检中若发现群体反应，并与接触有毒有害因素有关时，职业卫生管理部门应及时组织对生产作业场所进行劳动卫生学调查，并会同有关部门提出防治措施。

第三十三条 所有职业健康检查结果及处理意见，均需如实记入职工健康监护档案，并由职业病防治部门自体检结束之日起一个月内反馈给有关单位并通知体检者本人。

第三十四条 企业应严格执行女工劳动保护法规条例，及时安排女工健康体检。安排工作时应充分考虑和照顾女工生理特点，不得安排女工从事特别繁重或有害妇女生理机能的工作；不得安排孕期、哺乳期（婴儿一周岁内）女工从事对本人、胎儿或婴儿有危害的作业；不得安排生育期女工从事有可能引起不孕症或妇女生殖机能障碍的有毒作业。

第五章　作业场所管理

第三十五条 企业应建立生产作业场所职业危害因素监测与评价考核制度。定期对生产作业场所职业危害因素进行检测与评价，检测评价结果存入单位职业卫生档案，定期向所在地卫生行政部门汇报，并向职工公布。

第三十六条 企业应加强对工艺设备的管理，对易产生泄漏的设备、管线、阀门等应定期进行检修和维护，杜绝或减少跑、冒、滴、漏。企业在生产活动中，不得使用国家明令禁止或可能产生严重职业病危害的设备和材料。

第三十七条 企业对不符合国家职业卫生标准和卫生要求的作业场所应立即采取措施，加强现场作业防护，提出整改方案，积极进行治理。对严重超标且危害严重又不能及时整改的生产场所必须停止生产运行，采取补救措施，控制和减少职业病危害。

第三十八条 企业要在可能产生严重职业病危害作业岗位的醒目位置，设置警示标志和中文警示说明，警示说明应当阐明产生职业病危害的种类、后果、预防及应急救治措施。

第三十九条 企业要在可能发生急性职业危害的有毒有害作业场所按规定设置警示标志、报警设施、冲洗设施、防护急救器具专柜，设置应急撤离通道和必要的泄险区，同时做好定期检查和记录。

第四十条 生产岗位职工从事有毒有害作业时，必须按规定正确使用防护用品，严禁使用不明性能的物料、试剂和仪器设备，严禁用有毒有害溶剂洗手和冲洗作业场所。

第四十一条 加强对检维修场所的职业卫生管理。对存在严重职业危害的生产装置，在制定停车检修方案时应有职业病防治人员参与，提出对尘、毒、噪声、射线等的防护措施，确定检维修现场的职业卫生监护范围和要点。对存在严重职业危害的装置检维修现场应严格设置防护标志，应有相关人员做好现场的职业卫生监护工作。

第四十二条 要加强检维修作业人员的职业卫生防护用品的配备和现场冲洗设施完好情况的检查。

第四十三条 对承担检维修的特殊工种（放射、电焊、高空作业等）人员，必要时需组织检维修前体检，发现健康状况不适者应立即通知不得从事该项工作，避免职业伤害。

第四十四条 要加强检维修现场尘毒检测监控工作。企业应根据检维修现场情况与职业病防治部门联系检测事宜，随时掌握现场尘毒浓度，及时做好防护工作。

第四十五条 做好检维修后开工前的职业卫生防护设施防护效果鉴定工作，重点对检维修后的放射源防护装置、防尘防毒防噪声卫生设施的整改等情况进行系统检查确认，减少开车运行时的意外职业伤害。

第四十六条 企业应加强对劳动防护用品使用情况的检查监督，凡不按规定使用劳动防护用品者不得上岗作业。

第六章 职业病诊断与管理

第四十七条 职业病的诊断与鉴定工作由企业统一管理。职业病诊断和鉴定由企业和当事人如实提供有关职业卫生情况，按法定程序取得职业病诊断、鉴定的有关资料。

第四十八条 企业要加强对职业病病人的管理，实行职业病病人登记报告管理制度，发现职业病病人时要按有关规定向地方政府卫生行政部门和集团公司安全环保局等报告。

第四十九条 企业应安排职业病患者进行医疗和疗养。对在医疗后被确认为不宜继续在原岗位作业或工作的，由职业病防治部门提出调整岗位意见后，由有关部门和单位按有关规定办理。

第五十条 职业病患者的诊疗、康复和复查等费用以及伤残后有关待遇和社会保障，应依照国家和集团公司有关规定执行。

第五十一条 对疑似职业病的职工应及时进行诊断，在其诊断或者医学观察期间的费用按职业病待遇办理，同时在此期间不得解除或者终止与其订立的劳动合同。

第七章 职业健康教育与培训

第五十二条 企业安全生产监督委员会应定期研究职业卫生和职业病防治工作。各级领导和岗位职工都必须熟悉本岗位职业卫生与职业病防治职责，掌握本岗位及管理范围内职业病危害情况、治理情况和预防措施。

第五十三条 企业主管部门要组织对职业卫生管理人员进行职业卫生专业知识与法律法规的教育培训工作。结合生产实际，每年至少组织一次学习，举办专题培训班和学习讲座，提高职业卫生管理人员的业务水平和管理水平。

第五十四条 企业要对全体职工进行职业病防治的法规教育和基础知识培训与考核。要组织职工认真学习和贯彻国家的职业病防治法规、条例及集团的规章制度，树立法制观念，提高遵纪守法意识。班组每季度在安全活动中安排一次职业卫生知识学习活动，并做好记录。

第五十五条 生产岗位管理和作业人员必须掌握并能正确使用、维护职业卫生防护设施和个体职业卫生防护用品，掌握生产现场中毒自救互救基本知识和基本技能，开展相应的演练活动。

第五十六条 从事职业病危害作业岗位职工必须接受上岗前职业卫生和职业病防治法规教育、岗位劳动保护知识教育及防护用具使用方法的培训，经考试合格后方可上岗操作。

第五十七条 企业要做好生产检维修前的职业卫生教育与培训，结合检维修过程中会产生和接触到的职业病危害因素及可能发生的急性中毒事故，重点掌握自我防护要点和急性职业病危害事故情况下的紧急处理措施。

第八章　附　则

第五十八条　企业对外来施工人员和长期雇用的劳务工的职业卫生管理可参照本规定执行。

第五十九条　对放射线、噪声、硫化氢、氢氟酸等职业病危害因素的防护管理按集团有关规定执行。

第六十条　各企业应按照本规定，结合实际情况制定本单位职业卫生工作管理办法和实施细则。

第六十一条　销售企业由油品销售事业部参照本规定制定相关管理办法。

第六十二条　本规定解释权归集团公司安全环保局，其他未尽事宜按国家有关规定执行。

第三节　建设项目安全设施、职业卫生设施"三同时"安全管理制度编制要点

建设项目安全设施、职业卫生设施"三同时"安全管理制度是以制度形式进一步规范建设项目安全设施、职业卫生设施必须与主体工程同时设计、同时施工、同时投入生产和使用的安全管理要求，它是生产经营单位安全生产的重要事前保障措施，对贯彻落实"安全第一、预防为主、综合治理"的方针，改善劳动条件，防止发生生产安全事故，减少企业损失，降低企业风险具有非常重要的意义。

一、主要依据

- 《中华人民共和国安全生产法》
- 《中华人民共和国职业病防治法》
- 《中共中央　国务院关于推进安全生产领域改革发展的意见》
- 《建设项目安全设施"三同时"监督管理办法》
- 《建设项目职业病防护设施"三同时"监督管理办法》

二、主要要素

1. 《建设项目安全设施"三同时"监督管理办法》和《建设项目职业病防护设施"三同时"监督管理办法》分别对建设项目安全设施和职业病防护设施"三同时"安全管理做了具体规定，涉及环节基本一致。建议生产经营单位在制度编制时可以将建设项目安全设施和职业病防护设施"三同时"安全管理合成一个制度，内容上应主要包括预评价、设施设计审查、设施验收等环节。职业病防护设施"三同时"安全管理还需增加职业病危害控制效果评价环节。

2. 生产经营单位在制度编制时应明确具体职责分工，建议明确立项单位是建设项目"三同时"工作的责任主体，负责建设项目"三同时"的申报，建立和保存"三同时"项目档案；负责依照政府相关职能管理部门的规定程序办理建设项目安全设施"三同时"手续；负责建设项目安全和职业病防护设施评估、审核、验收相关资料。安全生产监管部门对"三同时"工作实施综合监督管理，督查"三同时"工作的落实情况，参与管理职责范围内建设项目安全和职业病防护设施的内部评估、验收。

3. 要按照《建设项目安全设施"三同时"监督管理办法》《建设项目职业病防护设施"三同时"监督管理办法》要求，向政府相关部门办理涉及建设项目的安全设施和职业病防护设施"三同时"手续。同时要结合生产经营单位实际，重点对单位内部"三同时"预评价、设施设计审查、设施验收各环节进行具体规定。

三、法定要求

1. 《中华人民共和国安全生产法》（节选）

第二十八条　生产经营单位新建、改建、扩建工程项目（以下统称建设项目）的安全设施，必须与主体工程同时设计、同时施工、同时投入生产和使用。安全设施投资应当纳入建设项目概算。

第二十九条　矿山、金属冶炼建设项目和用于生产、储存、装卸危险物品的建设项目，应当按照国家有关规定进行安全评价。

第三十条　建设项目安全设施的设计人、设计单位应当对安全设施设计负责。

矿山、金属冶炼建设项目和用于生产、储存、装卸危险物品的建设项目的安全设施设计应当按照国家有关规定报经有关部门审查，审查部门及其负责审查的人员对审查结果负责。

第三十一条　矿山、金属冶炼建设项目和用于生产、储存、装卸危险物品的建设项目的施工单位必须按照批准的安全设施设计施工，并对安全设施的工程质量负责。

矿山、金属冶炼建设项目和用于生产、储存危险物品的建设项目竣工投入生产或者使用前，应当由建设单位负责组织对安全设施进行验收；验收合格后，方可投入生产和使用。安全生产监督管理部门应当加强对建设单位验收活动和验收结果的监督核查。

2.《中华人民共和国职业病防治法》（节选）

第十八条　建设项目的职业病防护设施所需费用应当纳入建设项目工程预算，并与主体工程同时设计，同时施工，同时投入生产和使用。

建设项目的职业病防护设施设计应当符合国家职业卫生标准和卫生要求；其中，医疗机构放射性职业病危害严重的建设项目的防护设施设计，应当经卫生行政部门审查同意后，方可施工。

建设项目在竣工验收前，建设单位应当进行职业病危害控制效果评价。

医疗机构可能产生放射性职业病危害的建设项目竣工验收时，其放射性职业病防护设施经卫生行政部门验收合格后，方可投入使用；其他建设项目的职业病防护设施应当由建设单位负责依法组织验收，验收合格后，方可投入生产和使用。安全生产监督管理部门应当加强对建设单位组织的验收活动和验收结果的监督核查。

3.《中共中央　国务院关于推进安全生产领域改革发展的意见》（节选）

（二十一）强化企业预防措施。企业要定期开展风险评估和危害辨识。针对高危工艺、设备、物品、场所和岗位，建立分级管控制度，制定落实安全操作规程。树立隐患就是事故的观念，建立健全隐患排查治理制度、重大隐患治理情况向负有安全生产监督管理职责的部门和企业职代会"双报告"制度，实行自查自改自报闭环管理。严格执行安全生产和职业健康"三同时"制度。大力推进企业安全生产标准化建设，实现安全管理、操作行为、设备设施和作业环境的标准化。开展经常性的应急演练和人员避险自救培训，着力提升现场应急处置能力。

4. 各生产经营单位在编制建设项目安全设施、职业卫生设施"三同时"安全管理制度时，应重点参考和严格执行《建设项目安全设施"三同时"监督管理办法》和《建设项目职业病防护设施"三同时"监督管理办法》。

四、编写参考

××集团公司建设项目安全设施"三同时"安全管理制度

第一条 为确保集团建设项目实施后符合安全生产的要求，实施源头控制，避免新项目形成新的事故隐患，根据国家相关法律法规，制定本制度。

第二条 本制度适用于集团新建、改建、扩建工程项目（以下统称建设项目）安全设施的建设及其监督管理。

经县（区）级以上人民政府及其有关主管部门依法审批、核准或者备案的建设项目，立项单位应向政府有关职能管理部门申报执行"三同时"程序。

第三条 本制度所称的建设项目安全设施，是指在建设项目中用于预防生产安全事故的设备、设施、装置、构（建）筑物和其他技术措施的总称。

第四条 本制度"三同时"是指建设项目安全设施与主体工程同时设计、同时施工、同时投入生产和使用。

第五条 集团安全部是集团"三同时"工作的主管部门。集团安全部和各单位安全部门分别对全集团和本单位"三同时"工作实施综合监督管理，督查"三同时"工作的落实情况，参与管理职责范围内建设项目安全设施的内部评估、验收。对于构成重大危险源的，集团安全部和各单位安全部门分别负责审查管理职责范围内安全设施设计和验收相关资料。

对于未落实安全设施"三同时"的建设项目，安全部门具有一票否决权。

第六条 各业务主管部室负责业务管理范围内各项目"三同时"工作的综合组织和协调。负责组织其建设项目安全设施的内部评估、审查和验收。

第七条 立项单位是建设项目"三同时"工作的责任主体，负责建设项目"三同时"的申报、建立和保存"三同时"项目档案，依照政府相关职能管理部门的规定程序办理建设项目安全设施"三同时"手续，负责建设项目安全设施评估、审核、验收相关资料。

项目实施主体是业务主管部室的，业务主管部室负责落实"三同时"工作的主体责任。

第八条 设计单位、设计人应当对其编制的设计文件负责，安全设施设计必须符合有关法律、法规、规章和国家标准或者行业标准、技术规范的规定，并尽可能采用先进适用的工艺、技术和可靠的设备、设施，并参与建设项目安全设施验收。

第九条 施工单位应严格按施工图纸、安全设施设计和相关施工技术标准、规范施工，并对安全设施的工程质量负责，确保安全设施与主体工程同步实施，提出项目验收申请，并根据验收结论组织改进，达到设计标准，参与建设项目安全设施的验收。

第十条 建设项目批准后，各业务主管部室应组织对该建设项目进行安全评估和评价，提出治理技术措施建议。评估和评价可采用下列方式：

（一）组织相关专业专家进行内部评估、评价；

（二）委托具有相关评估资质的设计单位和中介机构进行评估。

第十一条 立项单位应根据评估、评价结果，对其安全生产条件和设施进行综合分析，提出书面的项目安全可行性研究报告。

第十二条 项目设计单位应将安全设施设计纳入主体项目设计方案，还应当充分考虑项目安全可行性研究报告中提出的安全对策措施。不具备相关专业设计资质的，可委托设计。

第十三条 建设项目安全设施设计完成后，立项单位应向业务部室提出审查申请。对于构成重大危险源的，经业务部室审查后，同时应向安全部门提出审查申请，并提交下列文件资料：

（一）建设项目安全可行性研究报告；

（二）设计单位的设计资质证明文件；

（三）建设项目初步设计报告。

第十四条 建设项目安全设施设计审查未予批准的，立项单位经过整改后可以向原审查部门申请再审。对于构成重大危险源的建设项目，安全设施设计安全部门审查未通过，不能转入施工程序。

第十五条 建设项目安全设施设计完成后，立项单位应将建设项目安全可行性研究报告和设施设计方案报安全部门备案。

第十六条 施工单位要严格按施工图纸和设计要求施工，保证工程质量，确保安全设施与主体工程同步实施。

第十七条 立项单位对安全设施的施工过程进行日常管理；对"三同时"设施采购、安装、施工等全过程进行监控，对出现的问题予以及时解决。建立相应的原始记录，索取相关的档案资料和资质证明。

第十八条 建设项目安全设施未与主体工程同步施工的，安全部门有权责令其立即停止施工。整改合格后，方可恢复施工。

第十九条 建设项目完工后，在主体工程验收的同时由业务部室组织验收建设项目安全设施。

第二十条 立项单位对安全设施验收中提出的有关安全方面的改进意见应按期解决，并将整改情况及时报相应业务主管部室。

第二十一条 立项单位应向业务部室提出安全设施竣工验收审查申请。对于构成重大危险源的，经业务部室审查后，同时应当向安全部门提出审查申请，并提交下列文件资料：

（一）建设项目安全设施存在问题的整改确认材料；

（二）安全生产管理机构设置或者安全生产管理人员配备情况；

（三）从业人员安全教育培训及资格情况。

第二十二条 凡安全设施未经验收或竣工验收审查不合格的，不能办理竣工手续，不能投入使用，业务主管部室不能批准结算，财务部门不予结算付款。

第二十三条 立项单位确保建设项目安全设施与主体工程同时投入运行。

第二十四条 立项单位应按照投产手续向业务主管部室申报，经批准后方可投产运行。未经业务主管部室审查或同意强行投产的项目，发生事故或造成严重职业危害的要追究立项单位的责任。

第二十五条 对于未按规定进行建设项目安全设施"三同时"的，按《五项安全绩效考核管理办法》执行。

第二十六条 本制度由集团安全部负责解释。

第二十七条 本制度自下发之日起执行。

第四节 消防安全管理制度编制要点

火灾猛于虎，火灾是当今世界上严重威胁人类生存与发展的常发性灾害之一。火灾的发生频率高，时空跨度大，造成的损失与危害也触目惊心。近年来，火灾事故发生的主体中，企业尤其是私营企业发生特大火灾事故的数量有所增加，给企业造成的经济损失较大。目前，企业消防安全工作已成为我国消防安全工作的重点和难点。消防管理是企业管理工作的一部分，消防管理水平的高低关系到能否有效防止或减少火灾的发生及有效减少火灾损失；消防安全管理关系到人民生命财产安全，关系到社会主义和谐社会的构建，因此加强消防安全管理工作刻不容缓，意义重大。编制消防安全管理制度主要是明确企业各部门和人员的消防职责，规范火灾预防、消防组织、器材管理和现场管理等，做到及时消除火灾隐患，预防火灾事故的发生。

一、主要依据

- 《中华人民共和国消防法》
- 《机关、团体、企业、事业单位消防安全管理规定》

二、主要要素

1. 消防职责。在制度编制时要明确各单位行政负责人为本单位消防安全责任人，对本单位的消防安全工作全面负责。同时还需要对消防委员会、各级消防安全责任人、消防管理部门、消防队等各级消防职责进行明确，建立起全员消防安全责任体系。

2. 消防措施。制度编制时一定要结合本单位存在的火灾风险来确定消防组织、消防器材和技术措施等相关要求。消防技术措施要求的编写有两种方式：一是如果企业火灾风险比较单一，可以在制度中规定详细且具体的要求；二是如果是大型企业，火灾风险多样，建议在制度中阐述原则性的要求即可，具体的技术措施可以单独用实施细则进行规范。

3. 消防重点。火灾高风险单位应该明确消防重点部分，区分重点与非重点部位的管理要求。

4. 消防应急。不仅要明确应急演练的频次和内容，还需根据企业实际确定应急情况下的处置原则和流程，避免应急处置过程中出现重大失误。

三、法定要求

1.《中华人民共和国消防法》（节选）

第五条　任何单位和个人都有维护消防安全、保护消防设施、预防火灾、报告火警的义务。任何单位和成年人都有参加有组织的灭火工作的义务。

第六条　各级人民政府应当组织开展经常性的消防宣传教育，提高公民的消防安全意识。

机关、团体、企业、事业等单位，应当加强对本单位人员的消防宣传教育。

公安机关及其消防机构应当加强消防法律、法规的宣传，并督促、指导、协助有关单位做好消防宣传教育工作。

教育、人力资源行政主管部门和学校、有关职业培训机构应当将消防知识纳入教育、教学、培训的内容。

新闻、广播、电视等有关单位，应当有针对性地面向社会进行消防宣传教育。

工会、共产主义青年团、妇女联合会等团体应当结合各自工作对象的特点，组织开展消防宣传教育。

村民委员会、居民委员会应当协助人民政府以及公安机关等部门，加强消防宣传教育。

第九条　建设工程的消防设计、施工必须符合国家工程建设消防技术标准。建设、设计、施工、工程监理等单位依法对建设工程的消防设计、施工质量负责。

第十条　按照国家工程建设消防技术标准需要进行消防设计的建设工程，除本法第十一条另有规定的外，建设单位应当自依法取得施工许可之日起七个工作日内，将消防设计文件报公安机关消防机构备案，公安机关消防机构应当进行抽查。

第十一条　国务院公安部门规定的大型的人员密集场所和其他特殊建设工程，建设单位应当将消防设计文件报送公安机关消防机构审核。公安机关消防机构依法对审核的结果负责。

第十二条　依法应当经公安机关消防机构进行消防设计审核的建设工程，未经依法审核或者审核不合格的，负责审批该工程施工许可的部门不得给予施工许可，建设单位、施工单位不得施工；其他建设工程取得施工许可后经依法抽查不合格的，应当停止施工。

安全生产规章制度编制指南

第十三条　按照国家工程建设消防技术标准需要进行消防设计的建设工程竣工，依照下列规定进行消防验收、备案：

（一）本法第十一条规定的建设工程，建设单位应当向公安机关消防机构申请消防验收；

（二）其他建设工程，建设单位在验收后应当报公安机关消防机构备案，公安机关消防机构应当进行抽查。

依法应当进行消防验收的建设工程，未经消防验收或者消防验收不合格的，禁止投入使用；其他建设工程经依法抽查不合格的，应当停止使用。

第十四条　建设工程消防设计审核、消防验收、备案和抽查的具体办法，由国务院公安部门规定。

第十五条　公众聚集场所在投入使用、营业前，建设单位或者使用单位应当向场所所在地的县级以上地方人民政府公安机关消防机构申请消防安全检查。

公安机关消防机构应当自受理申请之日起十个工作日内，根据消防技术标准和管理规定，对该场所进行消防安全检查。未经消防安全检查或者经检查不符合消防安全要求的，不得投入使用、营业。

第十六条　机关、团体、企业、事业等单位应当履行下列消防安全职责：

（一）落实消防安全责任制，制定本单位的消防安全制度、消防安全操作规程，制定灭火和应急疏散预案；

（二）按照国家标准、行业标准配置消防设施、器材，设置消防安全标志，并定期组织检验、维修，确保完好有效；

（三）对建筑消防设施每年至少进行一次全面检测，确保完好有效，检测记录应当完整准确，存档备查；

（四）保障疏散通道、安全出口、消防车通道畅通，保证防火防烟分区、防火间距符合消防技术标准；

（五）组织防火检查，及时消除火灾隐患；

（六）组织进行有针对性的消防演练；

（七）法律、法规规定的其他消防安全职责。

单位的主要负责人是本单位的消防安全责任人。

第十七条　县级以上地方人民政府公安机关消防机构应当将发生火灾可能性较大

以及发生火灾可能造成重大的人身伤亡或者财产损失的单位，确定为本行政区域内的消防安全重点单位，并由公安机关报本级人民政府备案。

消防安全重点单位除应当履行本法第十六条规定的职责外，还应当履行下列消防安全职责：

（一）确定消防安全管理人，组织实施本单位的消防安全管理工作；

（二）建立消防档案，确定消防安全重点部位，设置防火标志，实行严格管理；

（三）实行每日防火巡查，并建立巡查记录；

（四）对职工进行岗前消防安全培训，定期组织消防安全培训和消防演练。

第十八条 同一建筑物由两个以上单位管理或者使用的，应当明确各方的消防安全责任，并确定责任人对共用的疏散通道、安全出口、建筑消防设施和消防车通道进行统一管理。

住宅区的物业服务企业应当对管理区域内的共用消防设施进行维护管理，提供消防安全防范服务。

第十九条 生产、储存、经营易燃易爆危险品的场所不得与居住场所设置在同一建筑物内，并应当与居住场所保持安全距离。

生产、储存、经营其他物品的场所与居住场所设置在同一建筑物内的，应当符合国家工程建设消防技术标准。

第二十条 举办大型群众性活动，承办人应当依法向公安机关申请安全许可，制定灭火和应急疏散预案并组织演练，明确消防安全责任分工，确定消防安全管理人员，保持消防设施和消防器材配置齐全、完好有效，保证疏散通道、安全出口、疏散指示标志、应急照明和消防车通道符合消防技术标准和管理规定。

第二十一条 禁止在具有火灾、爆炸危险的场所吸烟、使用明火。因施工等特殊情况需要使用明火作业的，应当按照规定事先办理审批手续，采取相应的消防安全措施；作业人员应当遵守消防安全规定。

进行电焊、气焊等具有火灾危险作业的人员和自动消防系统的操作人员，必须持证上岗，并遵守消防安全操作规程。

第二十二条 生产、储存、装卸易燃易爆危险品的工厂、仓库和专用车站、码头的设置，应当符合消防技术标准。易燃易爆气体和液体的充装站、供应站、调压站，应当设置在符合消防安全要求的位置，并符合防火防爆要求。

已经设置的生产、储存、装卸易燃易爆危险品的工厂、仓库和专用车站、码头，易燃易爆气体和液体的充装站、供应站、调压站，不再符合前款规定的，地方人民政府应当组织、协调有关部门、单位限期解决，消除安全隐患。

第二十三条　生产、储存、运输、销售、使用、销毁易燃易爆危险品，必须执行消防技术标准和管理规定。

进入生产、储存易燃易爆危险品的场所，必须执行消防安全规定。禁止非法携带易燃易爆危险品进入公共场所或者乘坐公共交通工具。

储存可燃物资仓库的管理，必须执行消防技术标准和管理规定。

第二十四条　消防产品必须符合国家标准；没有国家标准的，必须符合行业标准。禁止生产、销售或者使用不合格的消防产品以及国家明令淘汰的消防产品。

依法实行强制性产品认证的消防产品，由具有法定资质的认证机构按照国家标准、行业标准的强制性要求认证合格后，方可生产、销售、使用。实行强制性产品认证的消防产品目录，由国务院产品质量监督部门会同国务院公安部门制定并公布。

新研制的尚未制定国家标准、行业标准的消防产品，应当按照国务院产品质量监督部门会同国务院公安部门规定的办法，经技术鉴定符合消防安全要求的，方可生产、销售、使用。

依照本条规定经强制性产品认证合格或者技术鉴定合格的消防产品，国务院公安部门消防机构应当予以公布。

第二十六条　建筑构件、建筑材料和室内装修、装饰材料的防火性能必须符合国家标准；没有国家标准的，必须符合行业标准。

人员密集场所室内装修、装饰，应当按照消防技术标准的要求，使用不燃、难燃材料。

第二十七条　电器产品、燃气用具的产品标准，应当符合消防安全的要求。

电器产品、燃气用具的安装、使用及其线路、管路的设计、敷设、维护保养、检测，必须符合消防技术标准和管理规定。

第二十八条　任何单位、个人不得损坏、挪用或者擅自拆除、停用消防设施、器材，不得埋压、圈占、遮挡消火栓或者占用防火间距，不得占用、堵塞、封闭疏散通道、安全出口、消防车通道。人员密集场所的门窗不得设置影响逃生和灭火救援的障碍物。

第二十九条　负责公共消防设施维护管理的单位，应当保持消防供水、消防通信、消防车通道等公共消防设施的完好有效。在修建道路以及停电、停水、截断通信线路时有可能影响消防队灭火救援的，有关单位必须事先通知当地公安机关消防机构。

第三十一条　在农业收获季节、森林和草原防火期间、重大节假日期间以及火灾多发季节，地方各级人民政府应当组织开展有针对性的消防宣传教育，采取防火措施，进行消防安全检查。

第三十九条　下列单位应当建立单位专职消防队，承担本单位的火灾扑救工作：

（一）大型核设施单位、大型发电厂、民用机场、主要港口；

（二）生产、储存易燃易爆危险品的大型企业；

（三）储备可燃的重要物资的大型仓库、基地；

（四）第一项、第二项、第三项规定以外的火灾危险性较大、距离公安消防队较远的其他大型企业；

（五）距离公安消防队较远、被列为全国重点文物保护单位的古建筑群的管理单位。

第四十条　专职消防队的建立，应当符合国家有关规定，并报当地公安机关消防机构验收。

专职消防队的队员依法享受社会保险和福利待遇。

第四十一条　机关、团体、企业、事业等单位以及村民委员会、居民委员会根据需要，建立志愿消防队等多种形式的消防组织，开展群众性自防自救工作。

第四十四条　任何人发现火灾都应当立即报警。任何单位、个人都应当无偿为报警提供便利，不得阻拦报警。严禁谎报火警。

人员密集场所发生火灾，该场所的现场工作人员应当立即组织、引导在场人员疏散。

任何单位发生火灾，必须立即组织力量扑救。邻近单位应当给予支援。

消防队接到火警，必须立即赶赴火灾现场，救助遇险人员，排除险情，扑灭火灾。

2. 各生产经营单位在编制消防安全管理制度时，还应重点参考和严格执行《机关、团体、企业、事业单位消防安全管理规定》和《建筑设计防火规范》。

四、编写参考

××集团公司消防安全管理制度

第一章　一般规定

第一条　消防工作贯彻"预防为主，防消结合"的方针，坚持"谁主管、谁负责"的原则，实行防火安全责任制。

第二条　直属企业各级单位和每位员工都有维护消防安全、保护消防设施、预防火灾、报告火警和参加灭火的义务。

第二章　消防责任

第三条　直属企业主要负责人是本企业的消防安全责任人，对消防安全工作全面负责。

第四条　直属企业应逐级落实消防安全责任制，明确消防安全职责。

第五条　直属企业消防安全责任人应当履行下列消防安全职责：

1. 贯彻执行消防法规，保障消防安全符合规定，掌握本企业的消防安全情况。

2. 将消防工作与本企业的生产、科研、经营、管理等活动统筹安排，批准实施年度消防工作计划。

3. 为消防安全提供必要的经费和组织保障。

4. 确定逐级消防安全责任，批准实施消防安全制度和保障消防安全的操作规程。

5. 组织防火检查，督促落实火灾隐患整改，及时处理涉及消防安全的重大问题。

6. 根据消防法规的规定建立专职消防队、义务消防队。

7. 组织制定符合本企业实际的消防应急预案，并实施演练。

第六条　直属企业可以根据需要确定本企业的消防安全主管领导。安全主管领导对企业的消防安全责任人负责，实施和组织落实下列消防安全管理工作：

1. 拟订年度消防工作计划，组织实施日常消防安全管理工作。

2. 组织制定消防安全制度和保障消防安全的操作规程并检查督促其落实。

3. 拟订消防安全工作的资金投入和组织保障方案。

4. 组织实施防火检查和火灾隐患整改工作。

5. 组织实施对本企业消防设施、灭火器材和消防安全标志的维护保养，确保其完好有效，确保疏散通道和安全出口畅通。

6. 组织管理专职消防队和义务消防队。

7. 在职工中组织开展消防知识、技能的宣传教育和培训，组织消防应急预案的制定、演练和实施。

8. 消防安全责任人委托的其他消防安全管理工作。

9. 定期向消防安全责任人报告消防安全情况，及时报告涉及消防安全的重大问题。

未确定消防安全主管领导的直属企业，前款规定的消防安全管理工作由直属企业消防安全责任人负责实施。

第七条 实行承包、租赁或者委托经营、管理，在订立的合同中要依照有关规定明确各方的消防安全责任；消防车通道、涉及公共消防安全的疏散设施和其他建筑消防设施应当由产权单位或者委托管理的单位统一管理。

承包、承租或者受委托经营、管理的单位应当遵守本规定，在其使用、管理范围内履行消防安全职责。

第八条 对于有两个以上产权单位和使用单位的建筑物，各产权单位、使用单位对消防车通道、涉及公共消防安全的疏散设施和其他建筑消防设施应当明确管理责任，可以委托统一管理。

第九条 建筑工程施工现场的消防安全由施工单位负责。实行施工总承包的，由总承包单位负责。分包单位向总承包单位负责，服从总承包单位对施工现场的消防安全管理。

对装置、罐区和建筑物进行局部改建、扩建和装修的工程，建设单位应当与施工单位在订立的合同中明确各方对施工现场的消防安全责任。

第十条 直属企业应按照国家和集团有关规定，结合企业特点，建立健全各项消防安全制度和保障消防安全的操作规程，并公布执行。

消防安全制度主要包括消防安全教育、培训，防火巡查、检查，安全疏散、设施管理，消防（控制室）值班，消防设施、器材维护管理，火灾隐患整改，用火、用电安全管理，易燃易爆危险物品和场所防火防爆，专职和义务消防队的组织管理，消防应急预案演练，燃气和电气设备的检查和管理（包括防雷、防静电），消防安全工作考评和奖惩，其他必要的消防安全内容等。

第三章 火灾预防

第十一条 直属企业应当将包括消防安全布局、消防站、消防供水、消防通信、消防通道、消防装备等内容的消防规划纳入本企业总体规划，落实消防经费，做到专款专用。消防设施、消防装备不足或者不适应实际需要的，应当增建、改建、配置或者进行技术改造。

第十二条 生产、储存和装卸易燃易爆危险物品的装置、罐区、栈台、码头、仓库和泵房，以及易燃易爆气体和液体的充装站、供应站、调压站等应当设置在合理的位置。不符合规定的，有关单位应当采取措施，限期整改。

第十三条 按照国家工程建筑消防技术标准需要进行消防设计的建筑和装饰工程，设计单位应当按照国家工程建筑消防技术标准进行设计，建设单位的消防部门应参加审查，并按规定将建筑工程的消防设计图纸及有关资料报送公安消防机构审核。未经审核或审核不合格的，建设单位不应施工。

第十四条 结合集团公司《关键装置要害（重点）部位安全管理规定》，将发生火灾可能性较大以及一旦发生火灾可能造成人员重大伤亡或者财产重大损失的部位，确定为本企业的消防安全重点部位。有消防安全重点部位的单位还应当履行下列消防安全职责：

1. 设置防火标志，确定火灾危险源（点）。

2. 结合岗位职责，实行防火巡检，做好巡检记录。

3. 定期对职工进行消防安全培训。

4. 制定消防应急预案，定期组织演练。

5. 建立健全消防档案。消防档案应当包括消防安全基本情况和消防安全管理情况。

消防安全基本情况应当包括：①企业基本概况和消防安全重点部位情况；②建筑物或者场所施工、使用或者开业前的消防设计审核，消防验收以及消防安全检查的文件、资料；③消防管理组织机构和各级消防安全责任人；④消防安全制度；⑤消防设施、灭火器材情况；⑥专职消防队、义务消防队人员及其消防装备配备情况；⑦与消防安全有关的重点工种人员情况；⑧新增消防产品、防火材料的合格证明材料；⑨灭火和应急疏散预案。

消防安全管理情况应当包括：①公安消防机构填发的各种法律文书；②消防设施

定期检查记录、自动消防设施全面检查测试的报告以及维修保养的记录；③火灾隐患及其整改情况记录；④防火检查、巡查记录；⑤有关燃气、电气设备检测（包括防雷、防静电）等记录资料；⑥消防安全培训记录；⑦灭火和应急疏散预案的演练记录；⑧火灾情况记录；⑨消防奖惩情况记录。

消防档案应当翔实，全面反映企业消防工作的基本情况，并附有必要的图表，根据情况变化及时更新。消防档案应统一保管、备查。

第十五条 生产、储存、运输、销售或者使用易燃易爆危险物品的单位和个人，应执行国家有关消防安全的规定和集团公司防火防爆十大禁令。

第十六条 禁止在具有火灾、爆炸危险的场所使用明火；因特殊情况确实需要明火作业的，应严格按照《用火作业管理规定》的要求，事先办理审批手续。作业人员应当遵守安全规定，并采取相应的消防安全措施。

进行电焊、气焊等具有火灾危险的作业人员和自动消防系统的操作人员应持证上岗，并严格遵守消防安全操作规程。

第十七条 禁止使用未经合法检验机构检验合格的消防产品。

第十八条 任何单位、个人不应损坏或者擅自使用、拆除、停用消防设施、器材，不应埋压、圈占消火栓，不应占用防火间距，不应堵塞消防通道。

修建道路以及停水、停电、截断通信线路有可能影响消防灭火救援时，应事先通知本单位专职消防队，经办理有关审批手续后方可进行。

第十九条 消防安全检查发现火灾隐患，应当及时通知有关单位或个人采取措施，限期整改。

第二十条 火灾隐患整改完毕，负责整改的部门或者人员应当将整改情况记录报送消防安全责任人或者消防主管领导签字确认后存档。

第四章 消防组织

第二十一条 大型直属企业应当按照国家有关规定成立专职消防队，实行专业化管理，配备相应的专业技术人员。

第二十二条 本单位设置两个以上专职消防队、人数在100人左右的，可以成立专职消防大队；设置五个以上专职消防队、人数在200人左右的，可以成立专职消防支队。消防战斗员的年龄应在30岁以下，消防车司机年龄不宜超过45岁。应建立保持消防队伍年轻化的用工机制。国产消防车宜定员6人，进口消防车宜定员3~4人。

第二十三条 专职消防队应参照《企业事业单位专职消防队组织条例》《公安消防部队执勤条令》《公安消防部队执勤业务训练大纲》和《公安消防队灭火战斗条令》的要求，建立学习、训练、执勤、工作、生活的正规秩序。

第二十四条 专职消防队履行下列职责：

1. 认真贯彻《中华人民共和国消防法》，做好防火、灭火等消防工作。

2. 掌握企业主要生产过程的火灾特点，经常深入基层监督检查火源、火险及灭火设施的管理，督促落实火灾隐患的整改，确保消防设施完备、消防道路通畅。

3. 组织建立、健全企业义务消防队并对其进行业务技术指导训练，负责职工的防火、灭火知识的教育。

4. 负责防火防爆区内固定动火点的管理，参加火灾、爆炸事故的调查、处理工作。

5. 参加新建、改建、扩建及技措工程有关防火措施、消防设计的"三同时"审查和验收。

6. 编制企业专用消防器材的配置和采购计划，负责消防装备、设施和器材的维护保养和修理。

7. 负责健全企业消防档案，制定关键装置和要害部位的消防应急预案，每年至少演练两次。

8. 建立正规的执勤秩序，实行昼夜执勤制度并加强节假日执勤。执勤人员应坚守岗位，消防车应处于待命出警状态。

9. 设有气防站的消防队应负责本单位的气防工作。

10. 对消防隐患提出治理方案和计划。

11. 非常状态下的紧急救援和抢险工作。

第二十五条 直属企业消防和安全部门应明确分工，密切协作，共同做好消防安全工作。

第二十六条 直属企业应当建立由员工组成的义务消防队。义务消防队的主要职责是：

1. 学习宣传消防法规，定期参加消防训练，参加实地消防演习。

2. 协助本单位落实消防安全制度，进行经常性的防火检查。

3. 熟悉本岗位的火灾危险性，明确危险点和控制点，维护本单位消防设施和消防器材，熟练掌握灭火器材的使用方法。

4. 扑救初起火灾，协助专职消防队扑救火灾。

第五章 宣传与培训教育

第二十七条 认真开展经常性的消防宣传活动。直属企业应把消防安全纳入宣传计划。新闻、电视等宣传部门有进行消防安全宣传教育的义务，宣传消防法规，普及消防知识，剖析消防案例，结合消防日、重大节日以及季节特点，加大宣传力度，提高职工消防意识。

第二十八条 直属企业应结合自身实际，拟订职工消防培训教育规划和计划，消防、安全、教育、劳资、人事等部门应当将消防知识纳入培训教育内容，主要包括：

1. 有关消防法规、消防安全制度和保障消防安全的操作规程。

2. 本单位、本岗位的火灾危险性和防火措施。

3. 有关消防设施的性能、灭火器材的使用方法。

4. 报火警、扑救初起火灾以及自救逃生的知识和技能。

第二十九条 消防设备操作人员应经过消防专项培训，学习掌握相应的操作技能，经考试合格方可上岗。

第三十条 对新入厂及转岗的职工和进入生产区的各类人员，在进行安全教育时，应有相适应的消防安全知识内容。

第六章 消防设施与消防装备

第三十一条 直属企业的消防基础设施建设应与直属企业建设相配套，做到统一规划、同步发展，上报直属企业建设规划应同时上报消防规划。

第三十二条 直属企业消防基础设施建设和装备、器材，应满足国家有关消防法规、标准规范以及科技进步的要求。应积极采用和推广成熟的消防新技术、新产品。加强对现有消防设施、消防装备的管理，确保各种消防设施、消防装备完整好用。

第三十三条 直属企业应从实际出发，按规定配置必要的破拆、照明、举高等特种消防车和重型消防车；通信、灭火、防护、训练器材和检测仪器等，应满足战备和防火灭火的需要。

第三十四条 应确保消防资金的投入。教育、科研、技术改造、新产品开发、设备更新和基本建设等专项费用中，都应将消防方面的费用列入计划。

第三十五条 应加强对各类固定、半固定和移动式消防设施，包括消防水泵房、泡沫泵站、装置和罐区的各类固定式消防设施和消防车、小型灭火器材的管理，建立健全并落实各级管理责任制和维护保养责任制，确保消防设施和消防装备以及消防器材的完好。

第三十六条 工艺操作、装置检修人员应对本岗位、本装置的消防设施做到会维护保养、会使用。冬季应做好消防设施的防冻保温工作。

第三十七条 消防设施的管理应纳入安全管理和设备管理工作中，设专人负责，建立消防设施台账，定期对消防设施的维护、保养、试验、称重、药剂更换补充等工作进行监督检查。

第三十八条 消防水泵房的管理

1. 消防供水泵房是消防水的保证中心，应加强管理，建立健全管理制度。严禁将泵房改作他用或在泵房内乱放杂物。

2. 水泵和柴油发动机应保持完好，做到零部件齐全，机泵运行时不振动、不泄漏，压力能满足设计要求。平时应严格按照备用机泵的管理要求，定期进行盘车和机泵润滑，认真进行维护保养，并且每周试验1次。

3. 建立24小时值班制，设专职或兼职值班人员负责，严格交接班制度，出现故障应立即处理并排除，时刻保持战备状态。

第三十九条 泡沫泵站的管理

1. 泡沫泵站是重要的消防设施之一，应加强管理。泵房严禁改作他用或乱放杂物，保持室内整洁，保持周围道路畅通。

2. 泡沫泵应保持完好，做到零部件齐全。每周至少运行1次，机泵运行时不振动、不泄漏，压力和流量能满足设计要求。平时应严格按照备用机泵的管理要求，定期盘车和润滑，认真进行维护保养。

3. 泡沫泵运行后应立即用水清洗，防止机泵和管线锈蚀。应做好泡沫管线和泡沫储罐的防腐处理，损坏的阀门和失效的泡沫应及时检修、更换。

4. 灭火系统每年应进行1次消防试验，确保完好。

第四十条 设施装置区内固定消防设施的管理

1. 应加强设施装置区内固定消防设施的管理，按期进行试验：消防喷淋系统每半年试验1次；泡沫系统每年试验1次，做到不堵、不漏，消防水炮、消火栓应经常试验，使之处于完好状态。

2. 加强设施装置区内固定消防设施的维护保养，经常检查，定期做防腐处理。对消防系统上的阀门、喷嘴等应经常检查、清理，损坏的应及时更换，确保零部件齐全，灵活好用。

第四十一条 消防车管理

1. 应加强对消防车，尤其是做好大吨位、多功能重点消防车的管理工作，确保消防车时刻处于良好的战备状态，接火警后能够快速和有效地投入灭火战斗。

2. 建立健全消防车技术档案和运行档案。

消防车技术档案主要包括：①车辆的技术参数和基本数据；②运行操作规程或用户手册；③维修保养和验收制度；④润滑手册；⑤人员培训和考核制度；⑥重点消防车随购车所带的资料，主要包括用户手册、运行手册、备件和专用工具清单等资料。技术档案应齐全，登记编号，并责成专人管理。

消防车运行档案主要包括：①车辆运行记录；②车辆出行记录；③故障记录；④维修保养记录；⑤润滑记录；⑥主要配件更换记录；⑦主要性能指标测试记录等。运行档案应齐全、整洁、规格化，并由专人及时整理填写。当人员变动时，应组织认真交接。

3. 应重视提高消防车操作人员的技术素质，做好业务和技术培训，培训应编制计划，考核应制定办法。

培训分为上岗前培训和上岗后定期业务培训，主要内容包括：①工作责任心和安全意识教育；②消防规程和消防条例教育；③车辆驾驶和设备操作技能培训；④车辆维护保养常识和实际操作训练。

4. 重点消防车驾驶员应从具有三年以上驾驶经验的消防队员中选拔，重点消防车驾驶员通过培训后，必须熟知驾驶操作车辆的性能、结构、原理、用途，并熟练驾驶和操作，持"重点消防车操作证"上岗，对连续间断驾驶操作重点消防车辆半年以上者，如需再上岗时，必须经过重新考核，合格后方可上岗。

5. 认真编制消防车大修和保养计划，严格执行保修制度所规定的各项内容，组织实施每日的"例行保养"和"三级保养"。

6. 为确保重点消防车的战备执勤和灭火中发挥应有作用，应从严管理。

(1) 严禁无"重点消防车操作证"的人员驾驶操作，无关人员不得开启车上的开关、按钮等设备。

（2）随车配备的装备、器材只准本车使用，未经设备主管部门的批准不得转借、挪用。

（3）严格交接班制度。交接班时，一定要认真清点器材，查看车况，确保设备处于完好状态，一旦发现问题应及时逐级上报，尽快采取补救措施，如需要停修时，必须报消防部门负责人审批。

7. 对于列入《集团公司区域灭火联防方案》的大型进口消防车，应确保处于良好的战备执勤状态，以便随时调用。

第四十二条　对小型灭火器材的管理

1. 小型移动式消防器材是扑救初期火灾的必备工具，必须加强管理，不得随便挪用。

2. 小型移动式消防器材要按消防设计规范的要求进行配备，要有固定的摆放位置，设立消防器材棚（箱），并设专人维护保养。

3. 按照各种小型灭火器材的使用要求，按期更换药剂，并做好铅封，在器材上要标明更换日期，以便进行检查。

第七章　灭　火　救　援

第四十三条　任何人发现火灾时都应当立即报警，任何人不得阻拦报警，严禁谎报火警。

发生火灾的企业必须立即组织力量控制和扑救火灾。

专职消防队接到报警后，必须立即赶赴现场，救助遇险人员，排除险情，扑灭火灾。

第四十四条　企业在组织和指挥火灾现场扑救时，消防总指挥有权根据扑灭火灾的需要决定下列事项：

1. 使用各种水源。

2. 截断电源、可燃气体和液体的输送，限制用火用电。

3. 划定警戒区，实行局部交通管制。

4. 为防止火灾蔓延，拆除或破损比邻火场的建筑物、构筑物。

5. 调动企业内供水、供电、医疗救护、交通运输等有关单位协助灭火救助。

6. 向公安消防部门或集团公司以及集团公司区域灭火联防单位请求增援。

第四十五条　对因参加扑救火灾负伤、致残或者死亡的人员，按照国家有关规定给予医疗、抚恤。

第四十六条 发生火灾的企业应当保护现场，接受事故调查，如实提供火灾事实的情况。

第四十七条 专职消防队参加扑救企业外火灾后，应依照规定要求对方补偿损耗的燃料、灭火剂和器材、装备等。

第四十八条 消防车、消防艇以及其他消防器材、装备和设施，不得用于与消防和抢险救援无关的事项。

第五节 危险作业安全管理制度编制要点

危险作业是指对作业人员本身和周围人员、设备及设施等具有较大的危险性，可能引发生产安全事故的作业活动。危险作业安全可靠性差，易发生人员伤亡事故，各生产经营单位均将危险作业的安全监管作为安全生产工作的重中之重。一般来说，危险作业有动火作业、受限空间作业、破土作业、临时用电作业、高处作业、断路作业、吊装作业、设备检修作业和抽堵盲板作业等。危险作业安全管理制度是为规范生产经营单位各类危险性较高作业而制定的一项重要制度，通过规范各类危险作业流程，实行合理有效的作业许可管理，加强危险作业过程控制，以有效防范各类事故的发生。

一、主要依据

《中华人民共和国安全生产法》

二、主要要素

1. 各生产经营单位要结合实际，明确本单位危险作业范围，其为制度编制的基础。

2. 要确定危险作业许可管理要求。各生产经营单位可实施分级许可设置，既便于控制风险，又利于开展实际工作。

3. 要明确各类危险作业具体管理要求。制度编制前充分了解并掌握相关危险作业的政策法规、国家标准、行业标准、地方标准等方面的要求，在制度内容中予以体现，并遵照执行。

4. 要确定好编写方式。在制度编制过程中，生产经营单位可以将涉及的所有危险作业各项管理要求集中在《危险作业安全管理制度》一个制度中编写，也可以将本单位认为更为重要或风险更高的危险作业单独编写安全管理制度。但需要注意做好制度间的衔接处理。

5. 要设计好各类危险作业审批表。审批表在编制过程中要体现各项防护措施落实情况的确认工作。

三、法定要求

《中华人民共和国安全生产法》（节选）

第四十条　生产经营单位进行爆破、吊装以及国务院安全生产监督管理部门会同国务院有关部门规定的其他危险作业，应当安排专门人员进行现场安全管理，确保遵守操作规程和落实安全措施。

四、编写参考

××公司危险作业安全管理制度

1　目的

为加强公司危险作业的安全管理，控制和消除生产作业过程中的潜在风险，确保安全生产，根据《中华人民共和国安全生产法》《湖北省安全生产条例》《湖北省企业安全生产主体责任规定》《湖北省生产安全事故报告和调查处理办法》等法律法规及政府规章，结合本公司实际，制定本制度。

2　适用范围

本制度适用于公司区域内危险作业的安全管理。

3　职责

3.1　安全生产部负责公司内各项危险作业安全管理制度的监督执行，与各车间、部室分别按其职责签发作业许可证。

3.2　各车间工段的负责人负责危险作业程序和前期安全预防性工作的审核。

3.3 各车间工段危险作业人员负责各项安全措施的准备工作，明确作业人员许可范围的作业风险，申请办理作业许可证，严格执行危险作业的安全规定。

4 危险作业安全许可管理要求

4.1 危险作业准备

4.1.1 公司所有危险作业前应对生产现场和生产过程、环境存在的风险和隐患进行辨识、评估分级，制定相应的控制措施，并办理安全作业许可证。

4.1.2 应禁止与生产无关人员进入生产作业现场。作业现场应画出非岗位操作人员行走的安全路线，其宽度一般不小于1.5米。

4.1.3 应根据《建筑设计防火规范》（GBJ 16）、《爆炸和火灾危险环境电力装置设计规范》（GB 50058）规定，结合生产实际，确定具体的危险场所，设置危险标志牌或警告标志牌，并严格管理其区域内的作业。

4.1.4 作业所用的物资、设备必须合格，安全可靠可用，应包括：

4.1.4.1 作业用的工具包括专用工具（如钳工工具、电工工具、专用套筒扳手等）。

4.1.4.2 作业用的设备（如电焊机、金属切割机、起重机等）。

4.1.4.3 作业用的安全设施（如脚手架和预先搭设的作业平台等）。

4.1.4.4 作业用的安全防护设施（如安全帽、安全带、安全绳、安全网、护栏等）。

4.1.4.5 作业用的劳动防护物资（如工作服、粉尘帽、防尘口罩等）。

4.1.4.6 作业用的照明设施（如临时固定照明、36伏移动照明等）。

4.2 危险作业范围

4.2.1 高处作业：按照《高处作业分级》（GB/T 3608—2008）标准规定的各种作业。

4.2.2 大型吊装作业：在公司内进行安装拆除维修使用大型起重设备等作业。

4.2.3 受限空间作业：进入设备内部，进入专用管道、地沟、地井、烟道，进入专用储料仓库等，进行清堵、检测、维修、养护等。

4.2.4 水泥生产筒型库清库作业：公司内各筒型物料库和筒型仓的清理。

4.2.5 高温作业：公司内部涉及高温岗位的作业活动。

4.2.6 交叉作业：公司内部两个或以上的工种在同一个区域同时施工。

4.2.7 篦冷机清大块作业：在熟料生产线篦冷机处理熟料大块的作业。

4.2.8 预热器清堵作业：在熟料生产线处理预热器物料堵塞的作业。

4.2.9 危险区域动火作业：在公司危险部位进行的电焊、气焊、气割、切割、磨光等产生明火的作业，如禁火场所动火作业。

4.2.10 破土作业：公司内进行的内部地面开挖、掘进、钻孔、打桩、爆破等。

4.2.11 临时用电作业：临时用电是指新接电源的用电时间一般不超过15天，如临时照明灯、临时轴流风机等。

4.2.12 危险设备作业：电气、高速运转机械等危险设备实行操作牌制度。

5 危险作业要求

5.1 高处作业

5.1.1 相关概念

5.1.1.1 高处作业是指凡距坠落高度基准面2米及其以上，有可能坠落的高处进行的作业，称为高处作业。

5.1.1.2 坠落高度基准面是指从作业位置到最低坠落着落点的水平面。

5.1.1.3 异温高处作业是指在高温或低温情况下进行的高处作业。高温是指作业地点的气温高于本地区夏季室外通风设计计算温度2℃及以上；低温是指作业地点的气温低于设计计算温度5℃及以上。

5.1.1.4 带电高处作业是指作业人员在电力生产和供用电设备的维修中采取地（零）电位或等（同）电位作业方式，接近或接触带电体对带电设备和线路进行的高处作业。

5.1.2 高处作业的分级

5.1.2.1 作业高度在2~5米时，称为一级高处作业。由各工段长和专职安全员负责受限高度作业的许可证签发和现场监督管理。

5.1.2.2 作业高度在5米以上至15米时，称为二级高处作业。由各车间主任和专职安全员负责受限高度作业的许可证签发和现场监督管理。

5.1.2.3 作业高度在15米以上至30米时，称为三级高处作业。由安全生产部部长或专职安全员负责受限高度作业的许可证签发和现场监督管理。

5.1.2.4 作业高度在30米以上时，称为特级高处作业。由公司总经理或负责安全生产的副总经理负责受限高度作业的许可证签发和现场监督管理。

5.1.3 高处作业的分类

5.1.3.1 特殊高处作业

5.1.3.1.1 在阵风风力为6级（风速18米/秒）及以上情况下进行的强风高处作业。

5.1.3.1.2 在高温或低温环境下进行的异温高处作业。

5.1.3.1.3 在降雪时进行的雪天高处作业。

5.1.3.1.4 在降雨时进行的雨天高处作业。

5.1.3.1.5 在室外完全采用人工照明进行的夜间高处作业。

5.1.3.1.6 在接近或接触带电体条件下进行的带电高处作业。

5.1.3.1.7 在无立足点或无牢靠立足点的条件下进行的悬空高处作业。

5.1.3.1.8 在坡度大于45度的斜坡上面进行的高处作业。

5.1.3.1.9 在升降（吊装）口坑井、池沟洞等上面或附近进行的高处作业。

5.1.3.1.10 在易燃、易爆、易中毒、易灼伤的区域或转动设备附近进行的高处作业。

5.1.3.1.11 在无平台、无护栏的设备及架空管道上进行的高处作业。

5.1.3.1.12 在设备内进行的高处作业，如预热器内作业等。

5.1.3.2 一般高处作业。一般高处作业是指除特殊高处作业以外的高处作业。

5.1.4 高处作业的要求

5.1.4.1 从事高处作业的单位必须经安全生产部办理登高安全作业许可证，落实安全防护措施后方可施工。

5.1.4.2 登高安全作业许可证审批人员应赴高处作业现场检查确认安全措施后，方可批准高处作业。

5.1.4.3 高处作业人员必须经安全教育，熟悉现场环境和施工安全要求。患有职业禁忌证和年老体弱、疲劳、过度视力不佳及酒后人员等，不准进行高处作业。

5.1.4.4 高处作业前，作业人员应查验登高安全作业许可证，检查确认安全措施落实后方可施工，否则有权拒绝施工作业。

5.1.4.5 高处作业人员应按照规定穿戴劳动防护用品，作业前要检查，作业中应正确使用防坠落用品与登高器具设备。

5.1.4.6 高处作业应设监护人对高处作业人员进行监护，监护人应坚守岗位。

5.1.4.7 高处作业连续时间不得超过 8 小时。

5.1.4.8 控制措施。

5.1.4.8.1 高处作业前，施工单位应制定安全措施并填入登高安全作业许可证内。

5.1.4.8.2 不符合高处作业安全要求的材料器具设备不得使用。

5.1.4.8.3 高处作业所使用的工具材料、零件等必须装入工具袋，作业人员登高上下时手中不得持物。不准投掷工具材料及其他物品。易滑动、易滚动的工具材料堆放在脚手架上时，应采取措施防止坠落。

5.1.4.8.4 在化学危险物品储存场所或附近有放空管线的位置作业时，应事先与区域负责人取得联系，建立联系信号，并将联系信号填入高处作业许可证备注栏内。

5.1.4.8.5 登石棉瓦瓦棱板等轻型材料作业时，必须铺设牢固的脚手板，并加以固定。脚手板上要有防滑措施。

5.1.4.8.6 高处作业与其他作业交叉进行时，必须按指定的路线上下，禁止上下垂直作业，若必须垂直进行作业时，应采取可靠的隔离措施。

5.1.4.8.7 高处作业应与地面保持联系，根据现场情况配备必要的联络工具，并指定专人负责联系。

5.1.4.8.8 在采取地（零）电位或等（同）电位作业方式进行带电高处作业时，必须使用绝缘工具或穿绝缘服、绝缘靴。

5.2 大型吊装作业

5.2.1 各种起重吊装作业前，应由安全生产部办理安全作业许可证。应预先在吊装现场设置安全警戒标志并设专人监护，非施工人员及车辆禁止入内。

5.2.2 吊装中，夜间应有足够的照明，室外作业遇到大雪、暴雪、大雾及六级以上大风时应停止作业。

5.2.3 起重吊装作业人员必须戴安全帽，高处作业时遵守高处作业安全规定。

5.2.4 吊装作业前必须对各种起重吊装机械的运行部位安全装置及吊具、索具进行详细的安全检查，吊装设备的安全装置要灵敏可靠。吊装前必须试吊，确认无误后方可作业。

5.2.5 作业中，必须分工明确，坚守岗位，并按起重吊装指挥信号统一指挥。

5.2.6 严禁利用管道、管架、电杆、机电设备等做吊装点，未经安全生产部审查批准，不得将建筑物构筑物作为锚点。

5.2.7 任何人不得随同吊装重物或吊装机械升降。在特殊情况下，必须随之升降的，应采取可靠的安全措施，并经过现场指挥人员批准。

5.2.8 起重吊装作业现场如需动火，应严格执行动火作业安全规定。

5.2.9 起重吊装作业时，起重机具包括被吊物与线路导线之间应保持安全距离。

5.2.10 外协作业时，应按照《承包商及供应商等相关方安全管理规定》相关内容执行。

5.2.11 起重吊装作业时，必须按规定负荷进行吊装，严禁超负荷运行，所吊重物接近或达到额定起重吊装能力时应检查制动器，用低高度短行程试吊后再平稳吊起。

5.2.12 悬吊重物下方及吊臂下严禁站人、通行和工作。

5.3 受限空间作业

5.3.1 受限空间作业是指进入生产区域内的各类塔球、槽罐、炉膛锅筒、管道容器以及地下室阴井、地坑下水道或其他封闭场所内进行的作业。

5.3.2 由安全生产部部长和专职安全员负责受限空间作业的许可证签发和现场监督管理。

5.3.3 切断

5.3.3.1 停止危险设备的运行和使用，对设备与外界连接的管道设施进行可靠隔绝，如装设盲板、拆卸连接部位不能用水封或阀门等代替盲板或拆除管道。

5.3.3.2 对动力电源的切断，应采用取下保险熔丝或将电源开关拉下后上锁等措施，并加挂警示牌。

5.3.4 清洗置换和清理

5.3.4.1 对危险设备可靠切断后，打开设备上所有人孔、手孔、放散阀、排空阀、出气阀、料孔和炉门等。

5.3.4.2 根据危险设备内的介质类型用水蒸气、机械通风或自然通风等方式进行介质的清洗和置换；为防止静电产生导致事故，必须将设备进行可靠性接地，冲入水蒸气时应尽量低压低速导入。

5.3.4.3 对危险设备内残留物必须尽量排放或移液，清理干净。

5.3.5 进入危险空间检测。检修作业人员进入危险设备内前，要对设备内的状况进行分析或检测，并符合下列条件：

（1）含氧量在18％～21％之间。

（2）有毒气体或粉尘浓度低于国家规定的卫生标准或低于允许进入的时间及浓度。

（3）可燃性气体浓度应在其爆炸下限浓度的5％以下。

（4）对危险设备内的气体或粉尘进行取样分析或检测不得早于进入设备作业前30分钟，所采集的样本应是设备内的最高浓度；工作中断后，作业人员再次进入前应重新采样分析或检测。

（5）使用具有挥发性溶剂涂料时，应做连续性分析检测并加强通风措施。

5.3.6　电气及安全防护措施

5.3.6.1　进入危险设备内作业的照明电压应使用不高于36伏的安全电压，狭小或潮湿场所应使用不高于12伏的安全电压；使用的电动工具必须装有防触电的电气保护装置。

5.3.6.2　在易燃易爆作业环境中应使用防爆型低压灯具和电动工具，电气线路必须绝缘良好，无断线接头，电源接点无松动，防止产生电气火花造成事故；作业人员不得穿戴化纤类等易产生静电的工作服。

5.3.6.3　在有酸碱等腐蚀性作业环境中，应穿戴好防护用品，在设备外部应设有急救用的冲洗装置和水源等。

5.3.6.4　在设备内多层交叉作业应搭设脚手架安全作业平台，作业人员应正确穿戴劳动防护用品。

5.3.6.5　设备内作业严禁抛掷工具材料，也不得将工具材料等物品放置在人孔边上或设备顶部，以防坠物伤人。

5.3.6.6　在设备内进行焊接作业时，应使用干燥绝缘垫。进行气割气焊时，要使用不漏气的设备。在设备内不得随便开放乙炔或氧气，加强设备内通风。

5.3.7　安全监护

5.3.7.1　设备外应配备空气呼吸器、消防器材、安全绳、相应的急救用品和装置。

5.3.7.2　进入设备内部作业前，所有作业人员要检查安全措施和安全器具，规定好统一的联络信号。

5.3.7.3　监护人员一旦发现有异常情况发生，应立即召集急救人员穿戴好防护器具进行抢救，不得在无防护措施的情况下盲目进行抢救。

5.3.8　受限空间安全作业许可证管理

5.3.8.1　由工段安全管理人员认真填写作业许可证上的作业地点、名称、作业时间、作业内容、安全防护措施等内容，确认作业人和监护人签字后，由部门经理审查安全措施，通知生产技术处进行现场检测，经生产技术处人员进行作业审批后方可作业。作业许可证上所有签字不能代签。

5.3.8.2　非防爆区域受限空间安全作业许可证管理。

5.3.8.2.1　由工段班组长认真填写作业许可证上的作业地点、名称、作业时间、作业内容、安全防护措施等内容，确认作业人和监护人签字后，由工段安全员审查安全措施，报工段长或副工段长审批后方可作业。

5.3.8.2.2　需要对作业场所进行检测时，由现场负责人进行现场检测，确认无危险后方可作业。作业许可证上所有签字不能代签。

5.3.8.2.3　受限空间安全作业许可证由作业人员持有，作业完成后交作业单位存档，安全保卫部门进行日常检查。

5.3.8.2.4　涉及动火、登高等特殊作业时，按公司相应制度执行并办理相应的作业许可证。

5.3.8.2.5　在作业过程中，作业负责人、现场监护人必须坚守作业现场；对于在作业过程中可能产生窜入或析出危险物质的情况，现场检测分析人必须坚守检修现场，每隔30分钟进行一次检测分析，一旦发现异常及时通知作业人员立即撤出，待采取措施并重新检测分析合格后方可继续进入作业。

5.3.8.2.6　作业前后应清点作业人员和作业工器具。作业人员离开受限空间作业点时，应将作业工器具带出。

5.3.8.2.7　作业结束后，由受限空间所在单位和作业单位共同检查受限空间内外，确认无问题后方可封闭受限空间。

5.3.9　职责要求

5.3.9.1　作业负责人的职责

5.3.9.1.1　对受限空间作业安全负全面责任。

5.3.9.1.2　在受限空间作业环境、作业方案和防护设施及用品达到安全要求后，方可安排人员进入受限空间作业。

5.3.9.1.3　在受限空间及其附近发生异常情况时，应指挥停止作业。

5.3.9.1.4 检查确认应急准备情况，核实内外联络及呼叫方法。

5.3.9.1.5 对未经允许试图进入或已经进入受限空间者进行劝阻或责令退出。

5.3.9.2 监护人员的职责

5.3.9.2.1 对受限空间作业人员的安全负有监督和保护的职责。

5.3.9.2.2 了解可能面临的危害，对作业人员出现的异常行为能够及时警觉并做出判断。与作业人员保持联系和交流，观察作业人员的状况。

5.3.9.2.3 当发现异常时，立即向作业人员发出撤离警报，并帮助作业人员从受限空间逃生，同时立即呼叫紧急救援。

5.3.9.2.4 掌握应急救援的基本知识。

5.3.9.3 作业人员的职责

5.3.9.3.1 负责在保障安全的前提下进入受限空间实施作业任务。作业前应了解作业的内容、地点、时间要求，熟知作业中的危害因素和应采取的安全措施。

5.3.9.3.2 确认安全防护措施落实情况。

5.3.9.3.3 遵守受限空间作业安全操作规程，正确使用受限空间作业安全设施与个体防护用品。

5.3.9.3.4 应与监护人员进行必要的有效的安全报警撤离等双向信息交流。

5.3.9.3.5 服从作业监护人员的指挥，如发现作业监护人员不履行职责，应停止作业并撤出受限空间。

5.3.9.3.6 在作业中如出现异常情况或感到不适或呼吸困难时，应立即向作业监护人员发出信号，迅速撤离现场。

5.3.9.4 审批人员的职责

5.3.9.4.1 审查受限空间安全作业许可证的办理是否符合要求。

5.3.9.4.2 到现场了解受限空间内外情况。

5.3.9.4.3 督促检查各项安全措施的落实情况。

5.3.10 作业过程中涉及其他特殊作业时按照相关作业管理制度执行。

5.4 水泥生产筒型库清库作业

5.4.1 水泥生产筒型库清库作业应成立清库工作小组，制定清库方案和应急预案，并必须由安全生产部负责人和分管安全生产的副总经理批准。

5.4.2 作业前，作业人员必须按规定穿戴好劳动防护用品，系好安全带、保险绳，戴好安全帽。班前、工作期间不准喝酒或含酒精的饮料。

5.4.3 清库作业过程中，必须实行统一指挥，清库作业应在白天进行，禁止在夜间和在大风、雨、雪天等恶劣气候条件下清库。清库作业现场应设置警戒区域和警示标志。

5.4.4 必须关闭库顶所有进料设备及闸板，将库内料位放至最低限度（放不出料为止），关闭库底卸料口及充气设备，禁止进料和放料；并做到挂牌作业。

5.4.5 清库前必须切断空气炮气源、关闭所有气阀，并须将空气炮供气罐内的压缩空气排空，同时应关闭空气炮操作箱。

5.4.6 清库人员每次入库连续作业时间不得超过1小时，清理原煤、煤粉储存库时每次入库连续作业时间不得超过30分钟。

5.4.7 打开料库侧门时要侧身慢慢打开，以防物料冲出伤人，门全部打开后，观察库内情况是否安全，如有危险隐患，及时采取预防措施，确认安全无误后方能进入库内进行作业。进库必须使用36伏低压灯照明。

5.4.8 如库壁上有附着物，应按自上而下的顺序进行清理。作业中精神始终要保持高度集中，警惕库料滑落，严禁违章作业。

5.4.9 当作业人员进入库内作业时，必须有专人进行监护。监护人应有高度的责任心，时刻观察作业人员的动向，随时保持联系。

5.4.10 库内料层1米以下方能进入，要从边处往里喂料，如料层已高出1米以上，应往中间堆料，用斜槽放料。

5.4.11 清理下料口时，要设双层闸板，应与下料口处保持一定的距离，以防下料口喷料伤人。

5.4.12 换班休息时，必须把全部工具放好，防止工具掉进库内。

5.4.13 库内清理完后，要把工具、杂物清理干净，盖好人孔门并通知有关人员检查后方可进料。

5.5 高温作业

5.5.1 高温作业系指作业地点的气温高于本地区夏季室外通风设计计算温度2℃及以上时的作业。

5.5.2 高温作业场所综合温度应符合《工作场所有害因素职业接触限值 物理因素》（GBZ 2.2—2007）的要求。

5.5.3 建设项目的职业卫生设计应符合《工业企业设计卫生标准》（GBZ 1—2010）中有关防暑的要求。

5.5.4 车间部室安全管理人员在暑期要深入生产一线，对生产工段施工检修工地进行巡回检查，发现情况及时处理并及时向公司安全生产部报告。

5.5.5 防暑降温设备应由专人管理，防暑降温设备每年在暑季前检维修一次。

5.5.6 应尽量实现机械化、自动化，改进工艺过程和操作过程，减少高温和热辐射对员工的影响。

5.5.7 应对高温作业场所进行定时检测，包括温度、湿度、风速和辐射强度，掌握气象条件的变化，及时采取改进措施，并将检测结果在作业场所向员工公布。

5.5.8 对封闭半封闭的工作场所，热源尽可能设在室外常风向的下风侧；对室内热源，在不影响生产工艺过程的情况下，可以应用喷雾降温。当热源（炉子蒸汽设备等）影响员工操作时，应采取隔热措施。

5.5.9 高温作业场所的防暑降温，应首先采用自然通风，必要时使用送风风扇、喷雾风扇或空气淋浴等局部送风装置。

5.5.10 根据工艺特点，对产生有害气体的高温工作场所应采用隔热强制送风或排风装置。

5.5.11 对高温作业员工应进行上岗前职业健康检查。凡有心血管疾病，中枢神经系统疾病，消化系统疾病，严重的呼吸、内分泌、肝肾疾病患者，均不宜从事高温作业。

5.5.12 发现有中暑症状患者，应立即搬送其到凉爽地方休息，除进行急救治疗和必要的处理外，对严重者还应送其到职业病诊断机构诊疗。

5.5.13 对从事高温作业的员工应有合理的劳动休息制度，根据气温变化适当调整作息时间，避免加班加点。

5.5.14 高温作业的分级应符合《高温作业分级》（GB/T 4200—2008）的规定，对高温超标严重的岗位，应采取轮换作业等办法，尽量缩短一次连续作业时间。

5.5.15 高温作业场所应设有工间休息室。休息室应隔绝高温和热辐射，室内有良好的通风，休息室内气温应低于室外气温，设有空调的休息室室内气温应保持在25～27摄氏度。

5.6 交叉作业

5.6.1　交叉作业的责任

5.6.1.1　项目管理部门或检修施工车间（单位）：

5.6.1.1.1　协调交叉作业中不同单位间的安全关系。

5.6.1.1.2　安排施工时尽量减少高空作业。

5.6.1.1.3　施工前必须编写安全措施，经批准后执行。

5.6.1.1.4　必须按规定安装、使用相应的安全防护设施，如安全网等。

5.6.1.1.5　必须保障特殊高处作业的通信联络顺畅。

5.6.1.1.6　施工人员必须经体检合格后方可上岗。

5.6.1.1.7　施工人员必须严格遵守高处作业及交叉作业的安全规定。

5.6.1.1.8　必须设置相应的安全警示标志。

5.6.1.1.9　特种作业人员必须持证上岗。

5.6.1.2　车间安全管理人员：

5.6.1.2.1　负责按规定审批安全措施及资质。

5.6.1.2.2　检查安全设施是否齐全标准。

5.6.1.2.3　检查并督促整改个人违章及其他不安全因素。

5.6.1.2.4　检查特种作业人员取证情况和施工人员体检情况。

5.6.2　施工管理

5.6.2.1　施工单位作业前应组织施工人员体检，合格后方可上岗。

5.6.2.2　施工单位作业前必须按批准的安全措施进行交底签字。

5.6.2.3　施工单位作业前必须检查、完善相应的安全设施。

5.6.2.4　施工中，安全生产部应按有关规定进行安全检查，对查出的问题下发隐患整改通知单。

5.6.2.5　交叉作业前，施工单位必须与交叉单位联系，设计并安装安全设施。

5.6.2.6　施工完毕后，设施安装单位负责按规定拆除不用的安全隔离设施。

5.6.3　考核

5.6.3.1　安全生产部根据检查结果对施工或检修单位进行考核，纳入月度考核统计。

5.6.3.2　外协施工单位违反本规定的，安全生产部将根据《外协施工安全管理制度》对施工单位处以不同程度罚款。

5.6.3.3 外协施工单位未经安全生产部批准即开始施工的，安全生产部将对发包单位及外协施工单位同时进行处罚。

5.7 篦冷机清大块作业

5.7.1 篦冷机清大块作业人员应按规定穿戴好防火隔热专用劳动防护用品，与中控联系好保持系统负压，防止正压热气流回喷。

5.7.2 必须有足够的冷却时间，与上下工序取得联系，工作时要有专人进行监护。

5.7.3 为防止预热器内塌料冲入篦冷机伤人，作业人员在进入篦冷机之前，必须把入窑翻板阀关闭，并按规定挂好警示标志后，方允许进入篦冷机作业。

5.7.4 篦冷机内如果温度过高，必须采取通风等安全措施；工作人员要分组轮换作业，现场配备防暑降温药品。

5.7.5 当破碎机未被卡死，作业人员在处理大块烧结料时要防止飞溅的物料伤人。

5.7.6 一次进入篦冷机内清理烧结料的作业人员不得超过2人。

5.7.7 开车前必须同前后工序取得联系，并认真检查设备是否具备开车条件，未经检查和联系禁止开车。

5.8 预热器清堵作业

5.8.1 篦冷机、斜拉链及地坑内禁止人员作业，防止生料粉涌入伤人，同时与中控室联系确认好，维持系统负压。关闭空气炮进气阀门并切断电源，并将空气炮内部气源排空，挂"禁止操作"警示牌。

5.8.2 作业期间必须遵循由下而上的原则，严禁多孔上下同时清料。

5.8.3 用高压气体清料时，必须保证清料管穿透料层，防止喷料，专人控制高压气体阀门；清堵作业人员应站在上风口，侧身对着清料孔，防止垮料、喷料造成人员烫伤。

5.8.4 使用高压水枪清堵作业必须严格执行相关的安全操作要领。

5.8.5 清料过程中现场各层平台及预热器四周要设置警戒区域，防止生料粉喷出伤人，对生料粉喷出可能触及的电缆和设备要采取防护措施。

5.8.6 处理分解炉的结堵时，现场人员需切断电源，如果使用空气炮，必须将观察门及清堵口的盖子锁紧；作业人员必须服从现场统一指挥和调动，杜绝违章指挥及违章作业。

5.8.7 指挥、监护和清堵人员应带有对讲机，并随时和中控操作员保持联系。

5.8.8 清堵作业由分厂值班领导负责指挥，其他人不得干预。

5.8.9 清堵前应确认塔架窑头及冷却机区域无人，并在施工区域设警示标志。

5.8.10 确认堵塞物料已全部清除后，关闭所有捅料孔及观察孔。通知中控室操作员和地面监护人员，解除安全警戒后方可开始投料操作。系统正常后，再清理现场积料，并将清堵工具整理好。

5.9 危险区域动火作业

5.9.1 危险区域动火作业分为一级动火作业和一般动火作业。一级动火作业需要到安全生产部办理"动火作业许可证"；一般动火作业由各用火部门自行办理，做到有据可查。

5.9.1.1 一级动火作业区域包括35千伏电站中控室、煤磨系统油库（包括设有禁止烟火警示标志区域）。

5.9.1.2 一般动火作业包括非防火重点部位和无禁止烟火警示区域。

5.9.2 "动火作业许可证"由申请动火部门现场负责人办理。办证人须按"动火作业许可证"的项目逐项填写，不得空项，按规定要求办理审批手续。

5.9.3 一级动火作业安全防火要求

5.9.3.1 办理一级动火作业的"动火作业许可证"由动火部门的现场负责人提出申请，并根据动火现场具体情况，制定有效的安全动火方案，落实安全防火措施（包括灭火人员、灭火器材的配备）后，报公司安全生产部现场复检审批。

5.9.3.2 外协施工单位需要动火作业时，首先向公司负责此工程的部门提出申请，由公司负责该工程的部门联系安全生产部，共同办理"动火作业许可证"。动火作业前，负责该工程的部门负责人、动火作业现场负责人及安全生产部人员共同到现场落实安全防火措施、作业时间和时限，同时向作业人员进行安全技术交底。

5.9.3.3 动火作业时，首先清除现场易燃物及无关人员，检测可燃气体，申请动火作业的部门负责人、动火作业现场负责人及安全生产部人员应到现场，确认达到动火条件方后可作业。动火作业现场负责人必须始终盯在现场，实施监火；动火作业的部门负责人及安全生产部人员应在动火作业期间经常巡检动火作业现场，及时消除安全隐患。涉及危险性较大的动火作业时，动火作业的部门负责人要始终盯在现场，加强防范。

5.9.4　一般动火作业安全防火要求

5.9.4.1　一般动火作业不需要办理"动火作业许可证"。动火作业前，现场负责人应制定有效的安全动火方案，落实安全防火措施，确认无误后方可动火作业。

5.9.4.2　动火作业时，动火作业现场负责人必须始终盯在现场，实施监火；动火作业的部门负责人应在动火作业期间加强对动火作业现场的巡检。

5.9.5　动火作业安全管理

5.9.5.1　动火作业前清理作业区域内的可燃物。

5.9.5.2　凡盛有或盛过化学危险物品的容器设备、管道等生产储存装置，必须在动火作业前进行清洗置换，经分析技术检测合格后，方可动火作业。

5.9.5.3　进行高空动火作业，其下部地面如有可燃物、孔洞、阴井、电缆沟、储池等，应检查分析并采取措施，以防火花溅落引起火灾爆炸事故。遇四级风以上（含四级风）天气，应停止室外动火作业。

5.9.5.4　拆除管线的动火作业，必须先查明其内部介质及其走向，并制订相应的安全防火措施。

5.9.5.5　在生产、使用、储存、输送危险物资、设备上进行动火作业，应对其进行技术监测，确定无危险后方可动火作业。

5.9.5.6　动火作业应有动火作业现场负责人。现场负责人在动火作业前，应指挥清除动火现场及周围的可燃物品，采取有效的安全防火措施，配备充足的消防器材。要随时检查动火现场情况，始终坚守现场。

5.9.5.7　动火作业前，作业人员应检查电气焊工具，保证安全可靠，不准带病使用。

5.9.5.8　使用氧气、乙炔动火作业时，氧气瓶与乙炔气瓶间距不得小于5米的安全距离，二者与动火作业地点均不得小于10米，乙炔气瓶应安装阻火器，只能直立放置并不准在烈日下暴晒。

5.9.5.9　在煤磨系统或封闭式有可燃物等内部场所进行动火作业前，先喷入适量的生料粉或石灰石粉，采取技术监测措施和防火隔绝措施，以防火花溅落引起火灾或爆炸事故。

5.9.5.10　动火作业前，被动火部门应对动火区域内的作业人员进行安全技术交底，并在动火作业期间安排岗位人员加强巡检，防止因动火作业对区域内的设备设施造成不必要的损坏。

5.9.5.11 动火作业完毕，作业人员应清理现场，确认无残留火种后方可离开。

5.9.6 动火注意事项

5.9.6.1 进行动火的区域除批准的动火作业外，任何人严禁吸烟及带入其他火种。

5.9.6.2 动火作业前，动火监督人必须提前到现场检查，确认作业现场安全符合规定要求后方可动火，并负责做好动火过程的现场监督。

5.9.6.3 有关人员必须克服麻痹大意的思想，认真对待动火工作，未经批准或监督人员未到现场，施工部门不得动火。

5.9.7 动火安全措施

5.9.7.1 将动火设备内的有毒可燃物料彻底清理干净，并通风、吹扫至少两天，安全措施必须到位，必要时可请专家进行指导。

5.9.7.2 对于存放易燃易爆物品的场所，动火前须把里面的易燃易爆品转移到安全地点，储存易挥发物品的场所除转移物品外，还需开窗、开门通风以减小危险气体浓度。

5.9.7.3 注意切断与动火设备相连的其他设备和管道，在两者间加装阻燃挡板或石棉布。

5.9.7.4 对动火区域附近的下水道、井口、地沟、管沟或电缆沟等，应注意清除其中积存的可燃物并暂时封闭。

5.9.7.5 电焊回路（地线）应接在焊件上，不得与其他设备搭火。

5.9.7.6 高空动火不许有火花四处飞溅，应以石棉或铁板围接，附近一切易燃物要移开或盖好，附近不得用汽油清洗零件。

5.9.7.7 动火现场要备有灭火器材，由专人管理。

5.9.7.8 上班前检查动火条件有无变化，下班前检查有无留下火种，做好夜间和节假日的巡检工作。

5.9.8 动火中异常情况的处理

5.9.8.1 发现防火隔离措施脱落或破损应设法修补，并暂停工作。

5.9.8.2 现场环境变化，附近有易燃物料外溅，或因风向而受到可燃气体吹袭，应立即停止工作。

5.9.8.3 由于风向变化或风力过大，而使动火时所产生的火花无法控制，易引发危险，应立即停止工作。

5.9.8.4 动火中气焊工具或气瓶泄漏，或电焊与电器有故障，应暂停工作，排除故障，切不可以抢时间为由冒险蛮干。

5.9.9 "动火作业许可证"的使用

5.9.9.1 一级动火作业由安全生产部技术人员持公司"动火作业许可证"到现场，检查动火作业安全措施落实情况，确认安全措施可靠后，将"动火作业许可证"交给动火人。

5.9.9.2 "动火作业许可证"只准在一个动火点使用。如果在同一动火点多人同时动火作业，可使用一份"动火作业许可证"，但参加动火作业的所有动火人应分别在"动火作业许可证"上签字。

5.9.9.3 "动火作业许可证"不准转让涂改，不准异地使用或扩大使用范围。

5.9.9.4 "动火作业许可证"一式三份，动火单位、动火人、安全生产部各持一份。

5.9.9.5 "动火作业许可证"的有效期限。

5.9.9.6 一级动火作业的"动火作业许可证"有效期为 8 小时，大修期间可延长至 12 小时。

5.9.9.7 动火作业超过有效期限，应重新办理"动火作业许可证"。

5.10 破土作业

5.10.1 破土作业的范围

5.10.1.1 生产区域挖土、打桩、埋设、接地极或铺桩等，入地深度 0.4 米以上者。

5.10.1.2 挖土面积在 2 平方米以上者。

5.10.1.3 利用挖机、推土机、压路机等施工机械进行填土或平整场地。

5.10.2 破土作业必须办理"破土安全作业许可证"，不准以口头形式传达，否则按违章作业处罚。

5.10.3 "破土安全作业许可证"必须由车间工段负责人办理，经机电主管负责人审查批准，并在安全生产部备案。

5.10.4 车间工段办理"破土安全作业许可证",应标明破土地点范围深度并画上简图,附有文字说明。

5.10.5 如破土作业有可能影响到工艺管线、公用工程,必须召集相关单位部门共同确定破土安全方案。

5.11 临时用电

5.11.1 凡属于临时性用电,用电单位或个人应向机电主管负责人办理"临时用电作业许可证",并在安全生产部备案。

5.11.2 临时用电审批期限,一般场所使用不超过15天,并通过风险评价采取安全控制措施后方可用电。

5.11.3 凡属临时用电,均应装设漏电保护器和短路、过载保护。

5.11.4 临时用电如需架设线路,则应符合低压电力技术规程的有关规定。

5.11.5 临时用电不得转供电。用电结束,电工应及时拆除临时用电装置,不允许将临时用电直接转为正式用电。

5.11.6 机电主管负责人对临时用电的管理应纳入具体责任人的工作考核。管理责任人应加强巡检。

5.11.7 临时性的内部线路应符合装置标准,并可靠固定;移动电器设备的金属外壳应具备可靠接地,电源线应完好绝缘,不允许使用破损的电线和不合格的电器设备。

5.12 危险设备操作

5.12.1 电气和高速运转的危险设备必须实行操作牌规定。

5.12.2 一台设备只允许有一个操作牌。设备检修前,检修员工必须收取设备现场岗位人员的操作牌才能检修。任何设备的检修或临时处理故障,必须拿到操作牌后方可进行。在检修中或检修结束需开动设备或试运行时,现场岗位人员必须按检修负责人的指挥或收回操作牌后再通知中控室操作,并做好相关人员的安全确认。

5.12.3 设备检修结束后,检修人员应主动将操作牌还给岗位人员。现场岗位人员得到操作牌后,必须先对检修后的设备进行检查,确认具备操作条件和人员安全后方可通知中控室操作或现场操作。

5.12.4 操作牌丢失,由车间申请补发,并考核处罚有关责任人员。

5.13 其他作业

5.13.1　高压水枪使用中作业人员应穿戴好防火隔热专用劳动防护用品，安排专人折捏住清料管后端皮管，清理现场无关作业人员，安排专人指挥作业，侧身接近清料口，高压水枪的使用应严格执行相应的安全操作规程或作业指导书，防止伤人事故的发生。

5.13.2　高压气体（压缩空气、空气炮）使用时应遵守相应的安全作业规程，非现场指定操作人员禁止使用空气炮。施放空气炮前必须确认现场安全，压缩空气禁止用来清洁设备，禁止对人体进行吹气。

5.13.3　入窑检查必须按规定穿戴好劳动防护用品，办理设备停电和危险作业申请，与中控室保持联系，确认预热器各级旋风筒内无堵料，锁紧翻板阀，并禁止转窑，挂好"禁止合闸"警示牌；进入窑筒体内必须使用安全照明，检查窑内温度及耐火砖、窑皮有无松垮，窑砖有无突出现象，发现隐患及时处理，同时现场设专人监护。

5.13.4　入篦冷机检查必须按规定穿戴好劳动防护用品，办理设备停电和危险作业申请，与中控保持联系，确认预热器各级旋风筒内无堵料，锁紧翻板阀，并禁止转窑，挂好"禁止合闸"警示牌；进入篦冷机内必须使用安全照明，同时现场设专人监护。进入篦冷机内清理作业时，必须检查窑口有无悬浮易脱落的窑皮或窑砖，如有必须清除下来后再进行清理作业。

5.13.5　表面高温设备（窑头罩、篦冷机、窑体、窑尾预热器和尾气管道等）应设置相应的外部保温层或防护隔离设施。

5.13.6　皮带输送机头部与尾部应设置防护罩或隔离栏及安全联锁装置，人员通过部位应设置专用跨越通道。

5.13.7　高噪声的设备（破碎机、提升机、球磨机、空压机、通风机和电动机等）应设置警告标志，附近作业人员应佩戴护耳器。

5.13.8　破碎、配料、粉磨、物料输送、煅烧、选粉、装运等主要产尘点应设置有效收尘设施。

5.13.9　空气压缩机及储气罐内的高压气体、锅炉及余热发电系统中的高温高压水蒸气部位，应设置警告标志。

5.13.10　吊具应在其安全系数允许范围内使用。钢丝绳和链条的安全系数和钢丝绳的报废标准，应符合《起重机械安全规程》（GB 6067）的有关规定。

6 相关记录

危险作业审批表

申请单位			作业地点	
作业时间			完成时间	
作业主要内容	作业项目：			
	1.			
	2.			
	3.			
作业可能的危害	1.			
	2.			
	3.			
安全防护措施	1.			
	2.			
	3.			

直接作业人员		辅助作业人员		作业单位审查意见
姓名	身体状况	姓名	身体状况	
现场监护人：		安全生产部（科）		签名： 日期：
公司领导意见	时间：			

注：1.表中"作业项目"指二级危险性作业，如高处作业、生产或施工中的上下交叉作业、危险区域动火作业、进入受限空间作业、大型吊装作业、预热器清堵作业、篦冷机清大块作业、水泥生产筒型库清库作业、高温作业、带电作业、其他有较大危险性的作业。

2.本表一式三份，申请单位自存一份，作业单位一份，安全生产部一份。

7 奖励与惩罚

7.1 各部门、车间认真执行本制度规定没有发生生产安全事故，将按照《安全生产管理办法》《安全生产奖惩管理办法》的规定给予奖励。

7.2 各部门、车间违反本制度规定发生生产安全事故，将按照《安全生产管理办法》《生产安全事故报告和调查处理实施细则》《安全生产奖惩管理办法》的规定给予处罚。

7.3 相关方在车间和厂区施工违反本制度规定发生生产安全事故，将按照《安全

生产管理办法》《生产安全事故报告和调查处理实施细则》《安全生产奖惩管理办法》
的规定给予处罚。

8 附则

8.1 本制度解释权属公司安全生产委员会。

8.2 本制度自公布之日起施行。